水利工程施工与水环境监督治理

谢金忠　郑　星　刘桂莲　著

汕頭大學出版社

图书在版编目（CIP）数据

水利工程施工与水环境监督治理 / 谢金忠，郑星，刘桂莲著. -- 汕头 : 汕头大学出版社，2021.1

ISBN 978-7-5658-4247-4

Ⅰ. ①水… Ⅱ. ①谢… ②郑… ③刘… Ⅲ. ①水利工程－工程施工②水环境－环境综合整治 Ⅳ. ①TV5 ②X143

中国版本图书馆CIP数据核字(2020)第264389号

水利工程施工与水环境监督治理
SHUILI GONGCHENG SHIGONG YU SHUIHUANJING JIANDU ZHILI

作　　者：谢金忠　郑　星　刘桂莲
责任编辑：邹　峰
责任技编：黄东生
封面设计：刘梦杳
出版发行：汕头大学出版社
　　　　　广东省汕头市大学路243号汕头大学校园内　邮政编码：515063
电　　话：0754-82904613
印　　刷：三河市嵩川印刷有限公司
开　　本：710mm×1000 mm　1/16
印　　张：7.5
字　　数：125 千字
版　　次：2021 年 1 月第 1 版
印　　次：2022 年 1 月第 1 次印刷
定　　价：46.00 元
ISBN 978-7-5658-4247-4

水是战略性的经济资源和公共性的社会资源，水利工程是国民经济和社会发展的重要基础设施。水利工程施工管理具有组成多样化、影响因素多变的特性。施工企业要想不断发展，在竞争中立于不败之地，只能通过加强管理，才能达到预期的目的，从而获得更高的利益。随着我国经济的飞速发展，水利工程施工项目也越来越多，而水利工程施工管理是一项涉及面广、涉及学科范围大的课题，水利工程施工管理的成功与否，直接影响到整个项目建设的成本、质量与进度。施工管理直接影响到工程建设的多方面，虽然我国水利工程质量管理取得了一定的进步，但是在某些方面还存在着一些问题。

除了水利工程外，水环境监督治理工作同样需要改进和完善。目前我国水污染控制的现状有以下几个主要问题：第一，城市废水处理率低，处理水平不高。随着城市化进程加快，生活污水排放量逐年增加，我国污水排放总量也逐年增加。近年来，中国政府在水污染治理方面的投入不断增大，污水处理率逐年提高，但是直到最近几年，城市污水处理率仍然不是很高。第二，工业污染源控制不力，排放大量污水。工业企业推行清洁生产还需要进一步加强，工业废水处理设备需要融入高科技技术进行改进，工厂违法排污问题需要进一步整治。第三，对非点源污染控制的重要性还认识不够。中国是一个农业大国，农业和农村非点源污染没有受到重视，城市中含有大量污染物的初期雨水或排入污水管网的雨水也未经处理便进入了环境水体，加剧了水体的污染程度。近年来，中国正逐渐认识非点源污染对于水环境质量的影响，但非点源污染排放仍然比较严重。

本书对水利工程与施工管理进行研究，除此之外，还对水环境监督治理问题进行分析，提出解决方案，希望给从事相关领域的工作者提供一些有益的参考和借鉴。

目录

第一章　水利工程项目管理及建设监理

第一节　水利工程项目管理

一、项目管理概述

（一）项目的概念

“项目”一词已越来越广泛地被人们应用于社会生活的各个方面。但目前国内外对项目的概念和特性的认识，还处在不断完善之中，尚未形成统一的、权威的定义。ISO10006对项目的定义为：“具有独特的过程，有开始和结束日期，由一系列相互协调和受控的活动组成。过程的实施是为了达到规定的目标，包括满足时间、费用和资源等约束。”美国项目管理协会在其《项目管理知识体系》中将项目定义为：“项目是可以按照明确的起点和目标进行监督的任务。现实中多数项目目标的完成都有明确的资源约束。”美国项目管理专家约翰·宾在中国工业科技管理大连培训中心提出了在我国被广泛引用的观点：“项目就是在一定的时间和预算规定的范围内，达到预定质量水平的一项一次性任务。”

虽然有关项目定义的表述形式有所不同，但对其实质内容的认识是基本一致的，通常可以把项目定义为：“项目就是作为管理对象，在一定约束条件下完成的，具有明确目标的一次性任务。”项目可以是一项基本建设，如建设一座水库、一座水电站、一个灌区、一处调水工程或建一座大楼、修一条公路等；项目也可以是一项新产品的开发，如新材料的研发、新技术和新工艺的应用等；项目可以是科研活动；等等。

（二）项目的特性

作为被管理的对象，项目具有以下特性：

1.一次性

这是项目的最主要特征。所谓一次性（或非重现性），也称为项目的单件性，是指就任务本身和最终成果而言，没有与这项任务完全相同的另一项任务。如要修建两座装机容量都是100万kW的水电站，因所处的位置、环境、水文地质条件及参加人员等不同，其设计、施工、组织等差异可能非常大。项目一般都具有特定开始、结尾和实施过程。项目的一次性并不意味着项目历程短，而恰恰相反，很多大型项目都历时数年、十几年乃至几十年，如著名的三峡工程，经过几十年的论证，仅施工期就长达17年。只有认识到项目的一次性，才能有针对性地根据项目的特殊情况和要求进行科学、有效的管理。

2.目的性

项目的目的性是指任何一个项目都是为实现特定的组织目标和产出物目标服务的。任何一个项目都必须有明确的组织目标和项目目标。项目目标包括两个方面：一是项目工作本身的目标，是项目实施的过程；二是项目产出物的目标，是项目实施的结果。例如，对一项水利工程建筑物的建设项目而言，项目工作的目标包括：项目工期、造价、质量、安全环保、文明施工等各方面工作的目标，项目产出物的目标包括建筑物的功能、特性、使用寿命、安全性等指标。

3.项目的生命周期

任何一个项目都有自己明确的起点、实施和终点，都是有始有终的，是不能被重现的。起点是项目开始的时间，终点是项目的目标已经实现或者已经无法实现从而中止项目的时间。无论项目持续时间的长短，都有自己的生命周期。当然，项目的生命周期与项目所创造出的产品或服务的全生命周期是不同的，多数项目本身的生命周期相对是短暂的，而项目所创造的产品或服务的生命周期是长期的。

4.整体性

任何项目的实施都不是一项孤立的活动，而是一系列活动的有机组合，从而形成了一个不可分割的完整过程。

5.不确定性

项目的不确定性主要是由于项目的独特性造成的，因为一个项目的独特之处多数需要进行不同程度的创新，而创新就包括各种不确定性；项目的非重复性也使项目的不确定性增强；项目的环境多数是开放的和相对变动较大的，这也造成项目的不确定性。

6.制约性（或约束性）

项目的制约性是指每个项目都在一定程度上受到内在和外在条件的制约。项目只有在满足约束条件下获得成功才有意义。内在条件的制约主要是对项目质量、寿命和功能的约束（要求）。外在条件的制约主要是对项目资源的约束，包括：人力资源、财力资源、物力资源、时间资源、技术资源和信息资源等方面。项目的制约性是决定一个项目成功与失败的关键特性。

（三）工程项目的概念及其特点

1.工程项目的概念

工程项目是以实物形态表示的具体项目，如建造一座大坝或一座水电站，建造一栋大楼或公共游乐场等。在我国，工程建设项目是固定资产投资项目的简称，包括基本建设项目（新建、扩建、改建等扩大生产能力的项目）和更新改造项目（以改进技术、增加产品品种、提高质量、治理“三废”、执业健康安全、节约资源等为主要目的的项目）。

2.工程项目的特殊性

与企业一般的生产活动、事业机关的行政活动和其他经济活动相比较，工程建设项目有其特殊性，除了具有项目的一般特点外，还有其自身的特点及规律性。

（1）固定性

工程建设项目往往具有庞大的体型和较为复杂的构造，多以大地为基础建造在某一固定的地方，不能移动，只能在建造的地点作为固定资产使用。它不同于一般工业产品，其消费空间受到限制。

（2）系统性

工程项目是一个复杂的开放系统，这也是工程项目的重要特征。工程项目是由若干单项工程和分部分项工程组成的有机整体。从管理的角度来看，一个项目系统是由人、技术、资源、时间、空间和信息等多种要素组合到一起，为实现一个特定的项目目标而形成的有机整体。

（3）单件性

建筑产品不仅体型庞大、结构复杂，而且建造时间、地点、地形、地质及水文条件、材料来源等各不相同，因此建筑产品存在着千差万别的单件性。

3.工程项目的建设特性

由于工程项目多以基本建设的形式体现，因此，在建设过程中还具有一些特殊的技术经济性质。

（1）生产周期长

一般工业生产都是一边消耗人力、物力和财力，一边生产、销售产品，较快地回收资金。而工程项目建设周期长，在较长时间内耗用大量的资金。由于建设项目体型庞大、工程量巨大、建设周期长，只有待项目基本建成后才能开始回收投资。在漫长的项目建设期内，大量耗用人力、物力、财力，长期占用大量的资金而生产不出任何完整的产品，当然也不能获得收益。因此，在建设管理上要千方百计地缩短工期，按期或提前建成投产，形成生产能力。

（2）高风险性

工程项目往往投资较大，尤其是水利水电工程类项目规模大、建设周期长，一旦失事对国民经济和人民生命财产将带来重大损失，受自然环境的影响也较大（可能遇到不可抗力和特殊风险损失），项目的非重现性特点要求项目必须一次成功，因而项目承受的风险也大。

（3）建设过程的连续性和协作性

项目建设过程的连续性是由工程项目的特点和经济规律所决定的。建设的连续性意味着项目各参与单位必须有良好的协作，在项目建设各阶段、各环节，各项工作都必须按照统一的建设计划，有机地组织起来，在时间上不间断，在空间上不脱节，使建设工作有条不紊地进行。如果管理不力或某个过程受阻或中断，就会导致停工、窝工和资源损失，以致拖延工期。

（4）生产的流动性

流动性是指施工过程中体现出的劳动者和劳动资料的流动，这也是由建设项目的固定性决定的。作为劳动对象的建设项目固定在建设地点不能移动，则劳动者和劳动资料就必然要经常流动转移。一个建设项目开始实施时，建设者和施工机具就要从其他地点迁移到本建设项目工地，项目建成后再转移到另一工地，这是大的流动。在一个项目工地上，还包含着许多小的流动。一个作业队和施工机具在一个工作面上完成了某项专业工作后，就要撤离下来，转移到另一个工作面上。施工流动性给项目管理工作、施工成本和职工生活安排带来很大的影响。它涉及施工队伍的建制、职工生活和施工附属企业的安排、当地材料的开采利用、交通运输和现场各种临时设施的安排和使用问题。

（5）受自然和环境的制约性强

基本建设项目往往因其规模大、固定不动，而且常常处在复杂的自然环境之中，所以受地形、地质、水文、气象等诸多自然因素的影响大。在工程施工中，露天、水下、地下、高空作业多，还往往受到不良地质条件的威胁。工程的投资或成本、质量、工期和施工安全常因此而受到严重影响。工程建设还受到社会环境的影响和制约，如项目征地移民涉及当地政府和城乡居民，工程建设涉及当地材料、水电供应和交通、通信、生活等社会条件。显然，这些社会环境同样对工程项目投资、工期和质量产生影响。

水利建设项目是以水资源开发利用和防治旱涝灾害为目的的基础设施建设项目。水利建设项目除具有上述特点外，还有一个显著特点是工程设施的规模和投资大，国民经济效益和社会效益大，而本身的财务效益低。水利建设项目管理除具备一般投资项目管理的特点外，还表现出在项目规模、建设性质、经济性质、经营性质等方面的多样性和复杂性。

（四）工程项目管理

美国项目管理专家Haroidkerzher博士对项目管理做了如下定义：项目管理是为了限期实现一次性特定目标，对有限资源进行计划、组织、指导和控制的系统管理方法。这是广义的项目管理概念。工程项目管理是以工程项目为管理对象的项目管理，通常也简称为项目管理。

项目管理的目标明确，这个目标就是要高效率地实现业主规定的项目目标。项目管理的一切活动都是围绕着这个总目标进行的，它是检验项目管理成败的标志。从这一点出发，项目管理的根本任务就是在限定的时间和限定的资源消耗范围内，确保高效率地实现项目目标。

工程项目管理是项目管理的一个重要分支，它是指通过一定的组织形式，用系统工程的观点、理论和方法，对工程项目管理生命周期内的所有工作，包括项目建议书、可行性研究、项目决策、设计、设备询价、施工、签证、验收等系统运动过程，进行计划组织、指挥、协调和控制，以达到保证工程质量、缩短工期、提高投资效益的目的。由此可见，工程项目管理是以工程项目目标控制（质量控制、进度控制和投资控制）为核心的管理活动。

参与工程项目建设的各方在工程项目建设中均存在着项目管理问题。业主、设计单位和施工单位各自处于不同的地位，对同一个项目各自承担的任务不同，其项目管理的任务也不相同。如在费用控制方面，业主要控制整个项目建设的投资总额，而施工单位考虑的是控制该项目的施工成本。又如在进度控制方面，业主应控制整个项目的建设进度，而设计单位主要控制设计进度，施工单位则控制所承包部分的工程施工进度。

工程项目管理的类型可归纳为以下几种：业主进行的项目管理；施工单位进行的项目管理；咨询公司进行的项目管理；政府的建设管理。

1.业主的项目管理

业主作为项目的发起人和投资者，与项目建设有着最为密切的利害关系，因此，必须对工程项目建设的全过程加以科学、有效和必要的管理。业主的项目管理由于委托了监理公司，所以偏重于重大问题的决策，如项目立项、咨询公司的选定、承包方式的确定及承包商的确定。另外，业主及其项目管理班子要做好必要的协调和组织工作，为咨询公司、承包商的项目管理做好必要的支持和配合工作。业主的项目管理贯穿于建设项目的各个组成部分和项目建设的各个阶段，即业主的项目管理是全面的、全过程的项目管理。就一个项目管理而言，业主的项目管理处于核心地位。

2.施工项目管理

施工项目管理即为施工承包单位（建筑企业）进行的工程项目管理。从系统的角度看，施工项目管理是通过一个有效的管理系统进行管理。这个系统通常分为如下几个子系统：

（1）方案及资源管理系统

基本任务是确定施工方案，做好施工准备。主要内容有：通过施工方案的技术经济比较，选定最佳的方案；选择适用的施工机械；编制施工组织设计，确定各种临时设施的数量和位置；确定各种工人、机具和材料物资的需要量。

（2）施工管理系统

基本任务是编制施工进度计划，在施工过程中检查执行情况，并及时进行必要的调整，以确保工程按期竣工。

（3）造价管理系统

基本任务是投标报价、签订合同、结算工程款、控制成本、保证效益。施工项目管理的对象是施工项目生命周期各阶段的工作，施工项目生命周期可分为五个阶段：投标、签约阶段；施工准备阶段；施工阶段；交工验收阶段；保修期服务。

3.工程咨询的项目管理

工程咨询是第三方进行工程项目管理的一种方式。工程咨询是工程项目管理发展到一定阶段分化出的一个分支学科和管理方式。随着工程建设规模的扩大，工程技术日趋复杂化，工程项目管理更加专业化。在通常情况下，业主缺乏这类专业管理人员，因此，专门从事工程咨询活动的专业公司应运而生。工程监理是工程咨询的一种最典型的咨询活动。这是一项目标性很明确的具体行为，它包括视察、检查、评价、控制等一系列活动，来保证目标的实现。

工程监理通过对工程建设参与者的行为进行监控、督导和评价，并采用相应的管理措施，保证工程建设行为符合国家法律、法规和有关政策，制止建设行为的随意性和盲目性，促使工程建设费用、进度、质量按计划实现，确保工程建设行为合法性、科学性、合理性和经济性。

4.政府的建设管理

政府的建设管理是指国家对建设行为、活动和建设行业进行管理、监督。管理方式首先是通过立法，即国家的权力机关制定一系列直接针对建设行为或与建设行为相关的法律，如《中华人民共和国建筑法》《中华人民共和国招标投标法》《中华人民共和国土地管理法》《中华人民共和国水法》《中华人民共和国合同法》等一系列法律，作为管理和监督的依据，而且地方人大也针对本地区的建设行为制定和颁布相应的法规。

其次是执法，中央政府及地方各级政府设立建设行政主管部门，并会同其他相应政府管理部门，根据国家的有关法律、法规，制定有关建设活动管理的规定、规范及规程，并对建设活动、从业单位的设立和升级、对从业人员的资格审定等进行管理，即政府管理。我国在国务院设立建设部，作为全国范围内的建设行政管理部门，在各级地方政府以及国务院的工业、水利、交通等部门，设立或指定地方或部门内的建设行政主管部门，对建设活动的管理还涉及发改委、工商、土地等政府管理部门。政府的建设管理具有强制性、执法性、全面性和宏观性等特点。

二、水利工程项目管理“三项”制度

《水利工程建设项目管理规定（试行）》明确规定，水利工程项目建设实行项目法人责任制、招标投标制和建设监理制。简称“三项”制度。

（一）项目法人责任制

项目法人责任制是为了建立建设项目的投资约束机制，规范项目法人的有关建设行为，明确项目法人的责、权、利，提高建设项目投资效益，保证工程建设质量和建设工期而实行的管理制度。实行项目法人责任制，对于生产经营性水利工程建设项目，由项目法人对项目的策划、资金筹措、建设实施、生产经营、债务偿还和资产的保值增值实行全过程负责。实行项目法人责任制是我国建设管理体制的改革方向。从目前来看，有关建设项目法人责任制的实施工作需要进一步积极探索。

1.法人

法人是具有权利能力和行为能力，依法独立享有民事权利和承担民事义务的组织。法人是由法律创设的民事主体，是与自然人相对应的概念。《中华人民共和国民法通则》规定，法人应当具备以下条件：依法成立；有必要的财产或经费；有自己的名称、组织机构和场所；能够独立承担民事责任。我国的法人包括企业法人、机关、事业单位和社会团体法人。

（1）企业法人

企业法人是指从事生产、流通、科技等活动，以获取盈利和增加、积累、创造社会财富为目的的营利性社会经济组织，是国民经济的基本单位。企业法人必须经过核准登记，才能取得法人资格。

（2）机关法人

机关法人是依法行使国家行政权力，并因行使职权的需要而享有相应的权利能力和行为能力的国家机关。国家机关只有在参加民事活动时才是法人，是民事主体。在进行其他活动时不是法人，而是行政主体。有独立经费的机关从成立之日起，具有法人资格。

（3）事业单位法人

事业单位法人是从事非营利性的各项社会公益事业的各类法人，包括从事文化、教育、卫生、体育、新闻出版等公益事业的单位。这些法人不以营利为目的，一般不参加生产和经营活动。虽然有时也取得一定收益，但属于辅助性质。事业单位法人的成立，一般不用进行法人登记，从成立之日起，具有法人资格；有时需要办理法人登记，经核准登记，才取得法人资格。

（4）社会团体法人

社会团体法人是由自然人或法人自愿组成，从事社会公益事业、学术研究、文学艺术活动等的法人，如中国法学会、中国水利学会等。社会团体法人一般要通过核准登记成立，发起人在取得国家有关机关的批准后进行筹建，向民政机关登记后取得法人资格。

2.项目法人

我国建设项目管理体制中，项目法人的概念是从1994年才提出的。在此之前，多数提法是项目业主。从国家政府部门文件来看，水利部按照社会主义市场经济的要求，从基本建设管理体制的大局出发，率先提出在水利工程建设项目中实行项目法人责任制，并以水利部水建129号文件印发了《水利工程建设项目实行项目法人责任制的若干意见》。该文件对项目法人规定如下：投资各方在酝酿建设项目的同时，即可组建并确立项目法人，做到先有法人，后有项目；国有单一投资主体投资建设的项目，应设立国有独资公司；两个及两个以上投资主体合资建设的项目，要组建规范的有限责任公司或股份有限公司。具体办法按《中华人民共和国公司法》、国家体改委颁发的《有限责任公司规范意见》《股份有限公司规范意见》和国家发改委颁发的《关于建设项目实行业主责任制的暂行规定》等有关规定执行，以明晰产权，分清责任，行使权利；独资公司、有限责任公司、股份有限公司或其他项目建设组织即为项目法人。

国家计划委员会以计建设673号文件发布了《关于实行建设项目法人责任制的暂行规定》，对项目法人和项目法人的设立和组织形式做了如下规定：由原有企业负责建设的基建大、中型项目，需新设立子公司的，要重新设立项目法人，并按上述规定的程序办理；只设分公司或分厂的，原企业法人即是项目法人。对这类项目，原企业法人应向分公司或分厂派遣专职管理人员，并实行专项考核；项目法人的设定新上项目在项目建议书被批准后，应及时组建项目法人筹备组，具体负责项目法人的筹建工作。项目法人筹备组应主要由项目的投资方派代表组成。有关单位在申报项目可行性报告时，须同时提出项目法人的组建方案。否则，其项目可行性研究报告不予审批。项目可行性研究报告经批准后，正式成立项目法人，并按有关规定确保资本金按时到位，同时及时办理公司设立登记。国家重点建设项目的公司章程须报国家发改委备案。其他项目的公司章程按项目隶属关系分别报有关部门、地方发改委备案。项目法人组织要精干，建设管理工作要充分发挥咨询、监理、会计师和律师事务所等各类社会中介组织的作用。

3.项目法人组织形式

国有独资公司设立董事会。董事会由投资方负责组建。国有控股或参股的有限责任公司及股份有限公司设立股东会、董事会和监事会。董事会、监事会由各投资方按照《公司法》的有关规定进行组建。

4.项目法人责任制及项目法人职责

项目法人责任制的前身是项目业主责任制。项目业主责任制是西方国家普遍实行的一种项目组织管理方式。在我国建立项目法人责任制，就是按照市场经济的原则，转换项目建设与经营机制，改善项目管理，提高投资效益，从而在投资建设领域建立有效的微观运行机制的一项重要改革措施。项目法人责任制的核心内容明确了由项目法人承担投资风险，明确了项目法人不但负责建设，而且负责建成以后的生产经营和归还贷款本息。项目法人要对项目的建设与投产后的生产经营实行一条龙管理，全面负责。我国实行项目法人责任制，由项目法人对项目的策划、资金筹措、建设实施、生产经营、债务偿还和资产的保值增值实行全过程负责。

实行项目法人责任制，是建立社会主义市场经济的需要，是转换建设项目投资经营机制、提高投资效益的一项重要改革措施，体现了项目法人和建设项目之间的责、权、利，是新形势下进行项目管理的一种行之有效的手段。

建立项目法人责任制意义重大。在建立社会主义市场经济体制的过程中，要更加重视和发挥市场在优化资源配置上的作用。投资建设领域要实现这一改革目标，除了要积极培育和建立建设资金市场、建设物资市场和建筑市场等以外，重要的一点就是要实行政企分开，把投资的所有权与经营权分离，由项目法人从建设项目的筹划、筹资、设计、建设实施直到生产经营、归还贷款本息以及资产的保值增值实行全过程负责，承担投资风险，从而真正建立起一种各类投资主体自求发展、自觉协调、自我约束、讲求效益的微观运行机制。因此，推行项目法人责任制，不仅是一种新的项目组织管理形式，而且是社会主义市场经济体制在投资建设领域实际运行的重要基础。

实行项目法人责任制，一是明确了由项目法人承担投资风险，因而强化了项目法人及投资方和经营方的自我约束机制，对控制工程概算、工程质量和建设进度可起到积极的作用。二是项目法人不但负责建设而且负责建成以后的经营和还款，对项目的建设与投产后的生产经营实行一条龙管理，全面负责。这样可把建设的责任和生产经营的责任密切结合起来，从而较好地克服了基本建设管花钱、生产管还款，建设与生产经营相互脱节的弊端。三是可以促进招标工作、建设监理工作等其他基本建设管理制度的健康发展，提高投资效益。随着以“产权清晰、权责明确、政企分开、管理科学”为特征的现代企业制度在工程建设领域的应用，项目业主责任制同现代企业制度相结合，发展成为项目法人责任制。《水利工程建设项目实行项目法人责任制的若干意见》规定：“根据水利行业特点和建设项目不同的社会效益、经济效益和市场需求等情况，将建设项目划分为生产经营性、有偿服务性和社会公益性三类项目。今后新开工的生产经营性项目原则上都要实行项目法人责任制；其他类型的项目应积极创造条件，实行项目法人责任制。”

（1）项目法人的管理职责

项目法人的主要管理职责是：对项目的立项、筹资、建设和生产经营、还本付息以及资产保值的全过程负责，并承担投资风险，具体包括8点：负责筹集建设资金，落实所需外部配套条件，做好各项前期工作；按照国家有关规定，审查或审定工程设计、概算、集资计划和用款计划；负责组织工程设计、监理、设备采购和施工招标的工作，审定招标方案。要对投标单位的资质进行全面审查，综合评选，择优选择中标单位；审定项目年度投资和建设计划；审定项目财务预算、决算；按合同规定审定归还贷款和其他债务的数额；审定利润分配方案；按国家有关规定，审定项目（法人）机构编制、劳动用工及职工工资福利方案等，自主决定人事聘任；建立建设情况报告制度，定期向水利建设主管部门报送项目建设情况；项目投产前，要组织运行管理班子，培训管理人员，做好各项生产准备工作；项目按批准的设计文件内容建成后，要及时组织验收和办理竣工决算。

（2）董事会的职权

根据国家发改委《关于实行建设项目法人责任制的暂行规定》的规定，所组建的建设项目董事会的职权有以下几方面：负责筹措建设资金；审核、上报项目初步设计和概算文件；审核、上报年度投资计划并落实年度资金；提出项目开工报告；研究解决建设过程中出现的重大问题；负责提出项目竣工验收申请报告；审定偿还债务计划和生产经营方针，并负责按时偿还债务；聘任或解聘项目总经理，并根据总经理的提名，聘任或解聘其他高级管理人员。建设项目的董事会依照《公司法》的规定行使职权。

（3）项目总经理的职权

根据建设项目的特点聘任项目总经理，项目总经理具体行使以下职权：

组织编制项目初步设计文件，对项目工艺流程、设备选型、建设标准、总图布置提出意见，提交董事会审查。

组织工程设计、施工监理、施工队伍和设备材料采购的招标工作，编制和确定招标方案、标底和评标标准，评选和确定中标单位。实行国际招标的项目，按现行规定办理。

编制并组织实施项目年度投资计划、用款计划、建设进度计划。

编制项目财务预、决算。

编制并组织实施归还贷款和其他债务计划。

组织工程建设实施，负责控制工程投资、工期和质量。

在项目建设过程中，在批准的概算范围内对单项工程的设计进行局部调整（凡引起生产性质、能力、产品品种和标准变化的设计调整以及概算调整，需经董事会决定并报原审批单位批准）。

根据董事会授权处理项目实施中的重大紧急事件，并及时向董事会报告。

负责生产准备工作和培训有关人员。

负责组织项目试生产和单项工程预验收。

拟订生产经营计划、企业内部机构设置劳动定员定额方案及工资福利方案。

组织项目后评价，提出项目后评价报告。

按时向有关部门报送项目建设、生产信息和统计资料。

提请董事会聘任或解聘项目高级管理人员。目前，水利部已将适时加快实行项目法人责任制进程、巩固和发展建设监理制度、完善和发展招标投标制度，作为下一步水利建设管理体制改革的重点内容之一，即进一步深化“三项制度”的改革。实行项目法人责任制后，项目法人与项目建设各方的关系是一种新型的适应社会主义市场经济机制运行的关系。在项目管理上要形成以项目法人为主体，项目法人向国家和投资各方负责，咨询、设计、监理、施工、物资供应等单位通过招标投标和履行经济合同为项目法人提供建设服务的建设管理新模式。政府部门要依法对项目进行监督、协调和管理，并为项目建设和生产经营创造良好的外部环境；帮助项目法人协调解决征地拆迁、移民安置和社会治安问题。建设单位不等同于项目法人，建设单位只是代表项目法人对工程建设进行管理的机构。

（二）招标投标制

招标投标制是指通过招标投标的方式，选择水利工程建设的勘察设计、施工、监理、材料设备供应等单位。在旧的计划经济体制下，我国建设项目管理体制是按投资计划采用行政手段分配建设任务，形成工程建设各方一起“吃大锅饭”的局面。建设单位不能自主选择设计、施工和材料设备供应单位，设计、施工和设备材料供应单位靠行政手段获取建设任务，从而严重影响了我国建筑业的发展和建设投资的经济效益。招标投标制是市场经济体制下建筑市场买卖双方的一种主要竞争性交易方式，是由建筑生产特有的规律所决定的。我国推行工程建设招标投标制，是为了适应社会主义市场经济的需要，促使建筑市场各主体之间进行公平交易、平等竞争，以提高我国水利水电项目建设的管理水平，促进我国水利水电建设事业的发展。

（三）建设监理制

建设监理制是指水利工程建设项目必须实施建设监理。水利工程建设监理是指建设监理单位受项目法人的委托，依据国家有关工程建设的法律、法规和批准的项目建设文件、工程建设合同以及工程建设监理合同，对工程建设实行的管理。水利工程建设监理的主要内容是进行工程建设合同管理，按照合同控制工程建设的投资、工期和质量，并协调有关各方的工作关系。

1.概述

工程项目管理和监理制度在西方国家已有较长的发展历史，并日趋成熟与完善。随着国际工程承包业的发展，国际咨询工程师联合会制订的《土木工程施工合同条件》已被国际承包市场普遍认可和广泛采用。该合同条件在总结国际土木工程建设经验的基础上，科学地将工程技术、管理、经济、法律结合起来，突出施工监理工程师负责制，详细地规定了项目法人、监理工程师和承包商三方的权利、义务和责任，对建设监理的规范化和国际化起了重要的作用。充分研究国际通行的做法，并结合我国的实际情况加以利用，建立我国的建设监理制度，是当前发展我国建设事业的需要，也是我国建筑行业与国际市场接轨的需要。

水利部是建设监理制推行最早的行业管理部门之一。经过几年的实践，水利部公布新的《水利工程建设监理规定》，该规定指出："从事水利工程建设监理以及对水利工程建设监理实施监督管理，适用本规定。本规定所称水利工程是指防洪、排涝、水力发电、引（供）水、滩涂治理、水土保持、水资源保护等各类工程（包括新建、扩建、改建、加固、修复、拆除等项目）及其配套和附属工程。"

2.建设监理管理组织机构及职责

水利部主管全国水利工程建设监理工作，其办事机构为建管司，主要职责：根据国家法律、法规、政策制定水利工程建设监理法规，并监督实施；审批全国水利工程建设监理单位资格；负责全国水利工程建设监理工程师资格考试、审批和注册管理工作；指导、监督、协调全国水利工程建设监理工作；指导、监督部直属大中型水利工程实施建设监理，并协调建设各方关系；负责全国水利工程建设监理培训管理工作。水利部设全国水利工程建设监理资格评审委员会，负责全国水利工程建设监理单位资格和监理工程师资格审批工作。

各省、自治区、直辖市水利（水电）厅（局）主管本行政区域内水利工程建设监理工作，其办事机构一般为建设处，主要职责有以下几方面：贯彻执行水利部有关建设监理的法规，制定地方水利工程建设监理管理办法并监督实施；负责本行政区域内水利工程建设监理单位资格初审；负责组织本行政区域内水利工程建设监理工程师资格考试、资格初审和注册工作；对在本行政区域内地方水利工程中从事建设监理业务的监理单位和监理工程师进行管理；指导、监督地方水利工程实施建设监理，并协调建设各方关系；负责组织本行政区域内水利工程建设监理培训管理工作。

第二节　水利工程建设监理的概念及内容

一、工程建设监理的概念和特性

建设监理制的推行，使我国的工程建设项目管理体制由传统的自筹、自建、自管的小生产管理模式，开始向社会化、专业化、现代化的管理模式转变，在项目法人与承包商之间引入了建设监理单位作为一种中介服务的第三方，以经济合同为纽带，以提高工程管理水平为目的，初步形成了相互制约、相互协作、相互促进的新的建设项目管理运行体制。通过具有专业知识和实践经验的监理工程师进行监理，不但能够发现和纠正不合理的设计，指导承包商科学组织施工，还能从实际出发，提出合理化建议，为国家和项目法人节省资金。

（一）建设监理的概念

1.监理的概念

监理是“监”和“理”的组合词。“监”是对某种预定的行为从旁观察和进行检查，使其不得逾越行为准则，也就是监督、监控的意思。“理”是对一些相互协作和相互交错的行为进行协调，以理顺人们的行为和权益关系。所以，我们将监理一词可以理解为：一个机构或执行者，依据一项准则，对某一行为的有关主体进行监督、监控、检查和评价，并采取组织、协调和疏导的方式，使人们相互密切协作，按行为准则办事，以顺利实现群体或个体的价值，更好地达到预期的目的。

2.建设监理的概念

所谓建设监理，实质上可以理解为对建设领域的相关建设活动进行监理。就是说，建设监理是指对工程建设活动的主体和参与者的建设行为及活动（决策、设计、施工及安装、采购、供应等）进行监督、检查、评价、控制和确认，并通过相应的管理措施和手段，使其建设行为或活动符合相关法律、法规、政策及合同的规定，制止建设行为或活动的随意性和盲目性，确保其合法性、科学性、合理性、经济性和有效性，使建设工程的质量、进度、费用得以按规定的目标实现。建设监理是商品经济发展的必然产物，是我国实行项目法人责任制、招标承包制而配套推行的一项建设管理的科学制度。这项制度的实质是，在工程建设的项目管理中，用专业化的建设监理单位代替非专业化的工程建设管理机构，用社会化的管理方式代替自营自建的小生产管理方式，对工程项目实施科学的管理。现代化的工程建设项目规模宏大、技术复杂，涉及国家和社会众多组织和多方面的利益。作为投资主体的项目法人（或项目业主），其项目管理的任务是相当繁重的，不熟悉项目建设的全过程，不精通专业技术、管理技术，是不能胜任项目管理一次性要求的，大部分项目法人（或项目业主）难以做到全面性项目管理工作。专业化、社会化的建设监理单位，可以在工程建设的实践中不断积累经验，提高建设项目管理水平，并发挥自己的专长，有效地控制工程项目的进度、质量和投资，公正地管理合同，使工程项目的建设总目标得以最优实现。同时，推行建设监理制，建设单位可以大大地减少人员编制，并充分发挥自己的优势，协调、解决好工程建设的外部关系和关键问题。所以说，从提高水利工程建设项目管理水平的角度来讲，推行建设监理制势在必行。

3.工程建设监理的概念

工程建设监理也称社会监理，简称工程监理，是指专业化、社会化的工程监理单位，受项目法人的委托，对工程建设项目实行的一种科学化管理。国家水利部颁布的2017年修正版《水利工程建设监理规定》指出:“水利工程建设监理，是指具有相应资质的水利工程建设监理单位（以下简称监理单位），受项目法人（建设单位，下同）委托，按照监理合同对水利工程建设项目实施中的质量、进度、资金、安全生产、环境保护等进行的管理活动，包括水利工程施工监理、水土保持工程施工监理、机电及金属结构设备制造监理、水利工程建设环境保护监理。”

工程监理是以一个具体建设项目为对象，带有项目管理性质的咨询服务。这项服务由监理单位的监理工程师及其他监理人员，采取组织措施、技术措施、经济措施和合同管理措施等手段，对工程建设项目的工期、质量、投资等目标以及合同的履行进行有效的控制，使工程项目按工程承包合同确定的目标，按期、保质、低耗地完成。

工程监理的内容可以根据项目法人的需要而定。该内容可以包括建设前期的可行性研究与项目评估及建设实施阶段的招标工作、勘察设计、施工等建设全过程的监理；也可以是其中的某些部分。项目法人既可以委托一个监理单位对建设项目进行监理，也可以委托几个工程监理单位分别承担不同建设阶段或不同工程区域的监理任务。同样，工程监理单位可以只接受一个工程项目的委托，也可以同时接受几个工程项目的监理任务。我国的工程监理单位相当于国外的建筑师事务所、工程顾问公司、工程咨询公司一类的组织。

4.政府监理的概念

政府监理是指政府建设主管部门对建设单位的建设行为实施的强制性监理和对工程监理单位实行的监督管理。所有的建设工程都必须接受政府监理。政府监理的性质、任务、工作范围、工作深度和广度，以及工作方法、手段等都与工程监理有明显不同。政府监理具有以下性质：

（1）强制性

这是由政府管理部门的管理职能决定的。政府管理职能往往是授权于法，“法”对于被管理者来说，只能是强制性的、必须接受的。政府监理部门与工程的建设单位，设计、施工、监理等单位不是平等主体关系，是管理与被管理的关系。

（2）执法性

政府监理机构作为执法机构，带有明显的执法性，主要依据国家法律、法规、方针、政策和国家颁布的技术规范、工程建设有关文件等。

（3）全面性

政府监理是针对整个建设活动而言的，因此，就管理来说，这项管理覆盖了全社会；就一个建设项目的建设过程来说，这项管理贯穿于建设的全过程中。

（4）宏观性

政府监理侧重于宏观的社会效益，其着眼点主要是保证建设行为的规范性、合法性，维护国家利益和工程建设各参与者的合法权益。其宏观性还表现在，就一个项目而言，政府监理不同于监理工程师的直接、连续、不间断地监理。

（二）工程监理单位

工程监理单位是指取得监理单位资格等级证书，具有法人资格从事建设监理业务的单位。国家水利部颁布的《水利工程建设监理单位管理办法》指出：“水利工程建设监理单位是指取得水利工程建设监理资格等级证书、具有法人资格从事工程建设监理业务的单位。”监理单位必须具有自己的名称、组织机构和场所，有与承担监理业务相适应的经济、法律、技术及管理人员，并应具有一定数量的资金和设施。符合条件的单位经申请得到政府相关部门的资格认证，并经注册取得营业执照后，才具有进行工程监理的资格，参与竞争或受项目法人的直接委托承担监理业务。水利工程建设监理单位可以是专业化的监理公司，也可以是兼营监理业务的设计、咨询、科学研究等单位。现阶段，由于建设监理业务较多的是工程施工监理，要求监理人员具有较丰富的合同管理、施工管理和处理复杂经济问题的能力，而设计、科研等单位擅长理论研究和工程设计，对于工程施工管理方面的知识尚需在实践中逐渐丰富、深化。因此，兼营监理业务的单位中从事监理业务的人员必须造册固定，经建设监理资质审批部门审查批准，并经监理业务培训，取得资质证书和岗位证书，才能承担监理业务。为保证监理工作质量，绝不允许兼营监理业务的单位人员轮流换班进行监理，对兼营监理业务的单位资格也有一定限制，如施工企业、承包公司、开发公司、材料供应单位等，不应从事建设监理工作。建设监理单位实行资格审批制度，监理单位的资格等级分为甲级、乙级和丙级。甲级单位可以承担各类水利工程建设监理业务。乙级单位可以承担大Ⅱ型及其以下各类水利工程建设监理业务。丙级（含暂定级）单位可以承担中小型水利工程建设监理业务。

（三）工程监理的特性

1.服务性

工程监理单位是技术密集型的高智能的服务性组织，该组织以自己广博的科学知识和丰富的实践经验受项目法人或建设单位的聘任、委托，为项目法人或建设单位提供高智力服务。监理工程师通过对工程建设活动进行计划、组织、协调、监督与控制，保证建设合同的顺利实施，达到项目法人或建设单位的建设意图，实现其项目建设的目标。工程监理单位本身并不是建设产品的直接生产者和经营者，该组织的劳动是技术服务性质的。

2.公正性

由于工程监理在工程建设监理中必须具备组织各方协作配合，调解各方利益，以及促使当事各方圆满履行合同责任和义务，保障各方合法权益等方面的职能，这就要求工程监理单位必须坚持公正的立场。特别是当项目法人和承包商发生利益冲突或矛盾时，能够以事实为依据，以相关的法律、法规和双方所签订的工程承包合同为准绳，站在第三方立场上公正地解决和处理问题，做到“公正地证明、决定或行使自己的处理权”。

3.独立性

工程监理的公正性以其独立性为前提。工程监理单位在人际关系、业务关系和经济关系上必须独立，不得和工程建设当事各方发生不应有的利益关系。我国相关规定指出，工程监理单位的各级监理人员不得是施工、设备制造和材料供应单位的合伙经营者，或与这些单位发生经营性隶属关系，不得承包施工和建材销售业务，不得在政府机关和施工、设备制造和材料供应单位任职。这些规定就是为了使监理单位保持其独立性。此外，工程监理单位与项目法人的关系应是平等的合约关系。监理委托合同一经签订，项目法人就不得干涉监理工程师的正常工作。在实施监理的过程中，工程监理单位是处于工程承包合同签约当事双方（项目法人与承包方）之外独立的第三方，行使依法订立的工程承包合同中规定的职权，承担相应的责任，而不是作为项目法人的代表或以项目法人的名义行使职权。

4.科学性

工程监理单位要能胜任合同赋予的职责，实现建设项目预期的目标，就必须能够提供高水平的专业服务，能发现与解决工程设计和承包商存在的技术和管理方面的问题。这是监理单位必须具有的科学性的特征和赖以生存的重要条件。监理人员的高素质是这种科学性的前提条件。因此，监理工程师必须具有相当的学历、丰富的工程建设经验，精通专业技术与管理，并通晓经济与法律。

二、工程监理的任务、内容和依据

（一）工程监理的任务

工程监理的任务，可以归纳为以下6个方面：

1.投资控制

在建设前期，受项目法人委托进行可行性研究，协助项目法人进行投资决策，控制好投资估算总额；在设计阶段，对设计方案、设计标准、总概算（或修正总概算）进行审查；在建设准备阶段协助项目法人确定标底，编制（或审核）招标文件并组织好招标、投标工作；在项目施工阶段，应根据合同文件，控制施工过程中可能新增加的费用。施工阶段的控制手段是：通过不间断地监测施工过程中各种费用的实际支付，并与各分部分项工程的预算进行比较、检查其是否有差异，以便及时采取措施。同时正确地处理变更、索赔事宜，达到对工程实际造价进行控制的目的。

2.质量控制

在项目设计和施工的全过程中，对形成工程实体的质量（设计质量和材料、半成品、机具以及施工工艺质量）进行控制。设计质量控制是工程项目质量控制的起点。施工阶段的质量控制是整个项目质量控制的重要阶段。其任务就是通过建立健全有效的质量监督工作体系来确保工程项目质量达到预定的标准和等级要求。

3.进度控制

进度控制即对项目进度的全过程进行控制，因此，要有一个总体控制进度计划。工期控制首先要在建设前期通过周密分析研究确定合理的工期目标，并在施工前将工期要求纳入承包合同。由于施工阶段是工程实体形成的阶段，项目建设工期和进度很大程度上取决于施工阶段的工期长短。因此，对施工进度进行控制，是整个项目进度控制的关键阶段。在建设实施期，应用网络计划技术等科学手段，审查、修改施工组织设计和进度计划，并在计划实施中紧密跟踪，做好协调与监督，排除干扰，使单项工程及其分阶段目标工期逐步实现，最终保证项目建设总工期的实现。

4.合同管理

合同是进行投资控制、质量控制、进度控制的重要依据，监理工程师通过有效的合同管理，确保工程项目的投资、质量和进度三大目标最优实现。监理工程师在现场进行合同管理，就是“天天念合同经”，一切按照合同办事，应合理控制工程变更，正确处理索赔事件，防止或减少争议的发生。

5.信息管理

控制是监理工程师在监理过程中使用的主要方法，控制的基础是信息。因此，要及时掌握准确、完整的信息，并迅速地进行处理，使监理工程师对工程项目的实施情况有清楚的了解，以便及时采取措施，有效地完成监理任务。信息管理要有完善的建设监理信息系统，最好的方法就是利用计算机进行辅助管理。

6.组织协调

在工程项目实施过程中，项目法人和承包方由于各自的经济利益和对问题的不同理解，会产生各种矛盾和问题。因此，作为监理工程师要及时、公正地进行协调和决定，维护双方的合法权益。

（二）工程监理的主要内容

工程监理单位对工程建设实施监理，主要包括以下业务内容：

1.建设前期阶段

建设项目的可行性研究；参与可行性研究报告的评估。

2.设计阶段

提出设计要求，组织评选设计方案；协助选择勘察、设计单位，商签勘察、设计合同并组织实施；审查设计和概（预）算。

3.施工招标阶段

协助项目法人组织招标工作；提出分标意见和招标申请书；选定编标单位，组织编写招标文件和标底；发布招标通告、招标通知书、投标邀请书；审查投标资格；组织投标单位进行现场勘察，澄清问题；审查投标书；组织评标，提出评标意见；协助项目法人与中标单位签订工程承包合同。

4.施工阶段

协助项目法人编写开工报告；审查承包商选择的分包单位；组织设计交底和图纸会审，审查不涉及变更初步设计原则的设计变更；审查承包商提出的施工技术措施、施工进度计划和资金、物资、设备计划等；督促承包商执行工程承包合同，按国家和水利水电行业技术标准以及批准的设计文件施工；监督工程进度和质量（包括材料、设备构件等的质量），检查安全防护设施，定期向项目法人汇报；核实完成的工程量，签发工程付款凭证，审查工程结算；整理合同文件和技术档案资料；协调项目法人和承包商的关系，处理违约事件；协助项目法人进行工程各阶段验收及竣工验收的初验，提出竣工验收报告。

总之，水利工程建设监理的主要内容是进行工程建设合同管理，按照合同控制工程建设的投资、工期和质量，并协调相关各方的工作关系。

（三）工程监理的指导思想和依据

1.建设监理的指导思想

工程监理在建设项目实施阶段的指导思想是：以建设项目目标管理（投资目标、工期目标、质量目标）为中心，通过建设项目的目标规划与动态目标控制，尽可能好地实现项目目标，以提高投资效益的目的。建设项目目标规划对监理而言就是建设监理规划，在项目实施时就是监理工作计划。该规划主要反映监理业务工作中投资控制、进度控制、质量控制、合同管理、组织协调、信息管理等方面的任务及实际工作中监理工作的流程，是监理工作在项目实施过程中的指导性文件。

制定监理规划是使监理工作规范化、标准化的重要组成部分，制定一个科学的监理规划就有可能避免工作上的随意性，使监理工作井然有序地开展。动态目标控制是指在建设项目实施过程中，定期地将项目目标的实际值与计划值进行比较，若发现实际值未达到计划值的要求规定，则应采取有效措施，进行纠偏。与此同时，也要对目标值再进行规划，以确保项目的投资、工期和质量三大目标的实现。为使建设项目目标更好地实现，要制定项目目标实施规划和搞好项目目标的动态目标控制。

对于最初编制的监理规划目标，在实施过程中如果发现不能实现，就应该进行修正。同时要对下一阶段的目标进行科学论证，以使规划目标符合实际情况，而动态目标控制则要对项目目标按周、月进行检查，不断地将项目目标的实际值与计划值进行比较。若目标不符，则要进行科学分析，找出产生偏差的原因并及时采取有力纠偏措施，确保项目目标按月、季实现，以使项目目标最优实现。

2.建设监理的依据

工程监理单位实施监理的主要依据，可以概括为以下几个方面：国家和建设管理部门制定颁发的法律、法规、规章和相关政策；技术规范、技术标准，主要包括国家相关部门颁发的设计规范、技术标准、质量标准、施工规范、施工操作规程等；政府建设主管部门批准的建设文件、设计文件；项目法人与施工承包商依法订立的工程承包合同，与材料、设备供货单位签订的有关购货合同，与工程监理单位签订的建设监理合同以及项目法人与其他相关单位签订的合同。现阶段建设监理的工作主要是依据项目法人与工程承包单位依法签订的合同。在监理过程中项目法人下达的工程变更文件，设计部门对设计问题的正式书面答复，项目法人与设计部门、监理单位等方联合签署的设计回访备忘录等，均可作为监理工作的依据。

第三节　水利工程建设监理体系

一、工程监理单位的选择

（一）项目法人选择监理单位需考虑的主要因素

选择一个理想而又合适的工程监理单位，对工程建设项目来讲有着举足轻重的作用，因此，必须慎重选择。项目法人选择监理单位应考虑以下主要因素：

必须选择依法成立的工程监理单位，即选择取得监理单位资质证书、具有法人资格的专业化监理单位或兼营监理业务的工程咨询、设计、科研等单位。

被选择的工程监理单位的人员应具有较好的素质，该单位应具有足够的可以胜任建设项目监理业务的技术、经济、法律、管理等各类工作人员。

被选择的工程监理单位应具有良好的工程建设监理业务的技能和工程建设监理的实践经验，能提供良好的监理服务。

被选择的工程监理单位应具有较高的工程建设管理水平。

被选择的工程监理单位应具有良好的社会信誉及较好的监理业绩。工程监理单位在科学、守法、公正、诚实方面有良好的声誉，以及在以往工程项目监理中有较好的业绩，监理单位能全心全意地与项目法人和施工承包单位合作。

国外监理单位的一般选择方法，通常是由项目业主指派代表根据工程项目情况以及对相关咨询、监理公司的调查、了解，初选有可能胜任该项监理工作的3～6个公司，业主代表分别与初选名单上的咨询公司进行洽谈，共同讨论服务要求、工作范围、拟委托的权限、要求达到的目标、开展工作的手段，并在洽谈过程中了解监理公司的资质、专业技能、经验、要求费用、业绩和其他事项。项目业主代表会见各家公司后，在了解情况的基础上，将这些公司排出先后顺序；按排队顺序和各家公司洽谈费用与委托合同，若与第一家公司达不成协议，再继续与第二家公司洽谈，依此类推。

（二）建设监理委托方式

工程监理单位承担监理任务，可以由项目法人直接委托，也可以由项目法人通过竞争方式择优委托。《水利工程建设监理规定》指出："项目法人一般通过招标方式择优选定监理单位。"如前所述，项目法人可以根据需要，自主选择建设监理委托方式，可以采取直接委托方式，也可以采取招标方式择优委托，可以委托一个监理单位承担工程建设项目的全部或部分阶段的监理，也可以委托几个监理单位分别承担不同阶段的监理；监理单位可以接受一个建设项目的监理任务，也可以接受几个建设项目的监理任务。下面介绍建设监理的两种委托方式：

1.直接委托

在我国采用直接委托方式十分普遍，几乎绝大多数的工程项目都采用这种方式，其主要原因在于这种方式比较简单，以及我国建设监理起步比较晚，且监理业绩不多。其实，采用直接委托方式也是有前提的，通常在以下情况下可以直接委托工程监理单位：

项目法人与监理工程师有较好的合作经历，双方满意，即在以往的工程建设项目中进行过合作，而且合作得很好，双方愿意再次合作。或采取分阶段监理的工程项目，如前一阶段监理单位履行监理合同很顺利，较好地完成了监理任务，监理单位又有能力承担下一阶段的监理任务，项目法人均可以采取直接委托的方式。

有丰富工程监理工作经验和工程信誉卓著的监理单位往往是一些社会知名度很高的监理公司，这类公司的业绩已为社会所公认。

如果项目的专业性很强，一般工程监理公司没有经验或缺乏丰富经验，只有专门从事这类专业工程监理的公司才具有这样的实力，那么，项目法人在考察其信誉并认为可行时，多数采用直接委托的方式。

对于小且简单的项目，以及虽然项目不小，但只将很少的工程服务工作委托给监理公司，多数不必花太多精力于委托工作上，而采取直接委托的方式。

2.竞争性委托方式

除以上情况外，一般对于大中型项目，或国际金融组织贷款项目，或属于国际承包工程项目等，多数采用竞争性委托方式。采用竞争性委托方式需投入一定的人力、财力和时间，但是，这些投入与取得的效益相比往往是微不足道的。一个工程项目的成败，原因固然不一，但是监理单位的素质和管理水平对此有很大影响。如何能够选择一个最合适的公司来承担项目的监理工作，则是至关重要的。因此，作为项目法人应认真选择有经验、有人才、有方法、有手段、有信誉的监理单位。

（三）竞争性委托的一般程序

项目法人在采用竞争方式委托工程监理单位时，一般按下列程序进行：

1.确定委托监理服务的范围

项目法人根据项目的特点以及自己对项目管理的能力，确定在哪些阶段委托监理：是整个项目的实施阶段，还是其中一个阶段；在这些阶段中，将哪些工作委托给工程监理单位。这是项目法人在开始委托时要考虑的首要问题，也就是确定自己的监理需求。

2.编制监理费用概算

建设监理是有偿的服务活动，为了使工程监理单位能顺利地开展监理工作，完成项目法人委托的任务，并达到满意的程度，必须付给监理单位一定的报酬，以补偿监理在工程服务中的直接成本和各项开支、利润和税金，这是工程监理赖以生存和发展的基本条件。同时，作为委托方，需要为开展监理工作提供各种方便的条件和后勤支持，也需要一定数量的费用。所有这些费用必须事先进行估算或概算，做好财务上的准备以及谈判的准备。

3.成立委托组织机构

项目法人在着手委托之前，应预先成立专门的委托机构，由这个机构直接进行委托方面的一系列事务性工作，并由这个机构及时与领导沟通，便于领导决策。这个机构人员宜少而精，所有成员必须在三方面具有基本条件，即他们十分熟悉本工程项目的情况；了解有关监理方面的基本知识和业务及行业情况；能够秉公办事，有一定的公关能力。

4.收集并筛选监理单位

国际上一个公认的经验是，在选择监理单位时，参选名单的长短，应按取短不取长的原则办，即形成一个所谓的“短名单”。一是数量大则评审监理规划书的时间太长，甚至因为数量大，反而造成差异过小，以至影响质量的辨别；二是参选单位过多，影响实力雄厚、信誉卓著的监理单位参加的积极性，使他们拒绝参加或不尽力提高规划书质量；三是大量公司投入竞争，又大量地被淘汰，使得这些被淘汰的公司造成资金损失，这笔费用迟早要在今后的监理合同中补偿回来，最终会使监理费提高，对项目法人和监理单位都是不利的。按国际通行做法，参选公司数量以3～6家为宜，对于像世界银行这样的国际金融组织，他们在选择“咨询人”时，还有其他一些政策应当遵守。例如，要求来自同一国家的监理单位数量以不超过两家为宜，应考虑至少一家来自发展中国家，鼓励借款人将本国监理单位列入参选行列等。

5.确定选择方式

项目法人选择监理单位的方式有两种：第一种是根据工程监理单位的监理规划书的质量，配备监理人员的素质和监理单位的工程监理经验、业绩来选择，即先进行单纯技术评审，对技术评审合格者再进行监理费用的评审。第二种就是进行综合评审，既考虑技术评审内容，又考虑监理费用报价。如果采用综合评审方式，最好要求技术评审内容与监理费用评审内容分别单独密封，在评审时，先评审技术部分，然后再评审监理费用报价的内容，以避免费用报价的高低给技术评审造成影响。

具体采用哪种方式，主要取决于建设项目的复杂性和难易程度，以及项目法人对工程监理单位期望的大小。但是，无论采用哪一种选择方式都应反映和体现一个基本事实，即选择工程监理单位重在其监理水平、监理经验、社会信誉和投入监理的主要人员的素质。而监理费用则是评审的第二位因素，因为选择一个理想的监理单位和监理工程师，可以优化实施项目，可以在经济方面产生良好的效益，所带来的好处远比支付的监理费要大。

6.发出邀请信

邀请信的内容一般包括以下基本内容：工程项目简介；拟委托服务的范围、内容、职责、合同条件以及其他补充资料等；监理费用计价基础方式；监理规划书编制格式、要求、内容；监理规划书编制的时间要求；监理规划书有效期规定，即在此期间不允许改变监理人员配置方案和监理报价等；提交规划书的地点、方式和日期；开始监理的时间；项目法人可提供的人员、设施、交通、通信以及生活设施等；其他，如有关纳税规定，当地相关法律，其他被邀监理单位名单，被邀方接受邀请的回复办法，等等。

7.评审

评审包括三方面基本内容：监理单位的监理经验和业绩，监理规划书（或称监理大纲）和监理人员的素质和水平。但是，对以上三方面的评审并非等同对待。其重要程度依次为：监理人员素质和水平、监理大纲、监理单位的经验。监理单位经验所占比例较小的原因主要是，在确定选择名单之前已经进行了一番评比和筛选，这个筛选过程就是对这些监理单位的一般经验的评价。评审阶段对监理单位评审内容，则侧重于本项目更直接的经验以及特殊经验的要求方面。对监理规划（监理大纲）的评审着重于该监理单位对项目委托任务的理解程度，有无创造性的设想，采用的监理方法和手段是否适当，是否科学，是否能满足对项目监理的需要。

对配备于本项目上的主要监理人员的评审给予极大的重视，这是由监理工作的特点所决定的。因为，一个工程项目监理的好坏，取决于实际投入的监理工程师的素质水平和他们的努力程度，尤其是关键性人物，如总监理工程师和监理各部门的主要负责人。监理人员方面的评审内容侧重三个方面：一般资格，包括学历、专业成绩、任职经历等；对本项目适应情况，包括与本项目类似的工程监理经验，以及拟议中所承担的工作是否与他的专业特长和经验相符合等；项目所在地的工作经验，主要指对项目外部环境的熟悉程度，这是十分必要的经验。有些监理单位为了获得通过，将数量较大的高级专家列入监理人员名单中，评审时应予以注意。因为如果过多的高层专业人员集中在一个项目中，往往不能维持较长时间，他们不能较长时间地住在工地，不了解工程实际情况，同时还会引起监理费用的提高。所以，评审监理人员应着重主要方面，即监理负责人素质和能力，以及监理人员整体结构的合理性。

8.签订监理委托合同

与中选监理单位谈判，签订监理委托合同。从以上选择过程来看，工程监理单位的选择与一般性质的工程招标、投标以及货物采购是有所区别的。首先，监理费用不是选择监理单位的主要因素；其次，不存在类似于工程招标（指公开招标方式）中的资格预审过程，参加选择的监理单位数量比较少；最后，对监理规划书的提交方式、时间等规定，也不如工程招标那样严格，无须提交“保函”等经济保证手段。今后，随着建设监理市场逐步发展和完善，走上法制化、规范化，以及监理队伍的水平和素质逐步提高，项目法人选择工程监理单位一般应采取招标、投标方式，如对投标的监理单位进行资格审查，不允许监理单位越级承揽监理业务，只能在核定的等级范围内承揽监理业务等，否则，原则上应视为违规行为。

二、工程建设监理合同

（一）监理合同的概念

监理合同在我国是一个改革开放中新出现的合同种类，是经济合同的一种特殊形式。监理合同是利用集团的智力和技术密集型的特点，协助项目法人对工程项目承包合同进行的管理，对承包合同实施进行监督、控制、协调、服务，以实现承包合同目标的一种新的合同类型。监理合同的当事人双方是委托方（项目法人）和被委托方（监理单位）。

（二）签订工程建设监理合同的必要性

国家水利部《水利工程建设监理规定》指出：“监理单位承担监理业务，应与项目法人签订工程建设监理合同，其主要内容应包括：合同当事人的名称和住所；监理工程项目名称；监理的范围与内容；双方的权利、义务和责任，应提供的工作条件（包括交通、办公场所设施、食宿条件等），保密内容及措施；监理费的计取与支付；违约责任；即奖励和赔偿；合同生效、变更和终止；争议的解决方式；双方约定的其他事项。”建设监理的委托与被委托实质上是一种商业行为，所以在监理的委托与被委托过程中，用书面的形式来明确工程服务的合同，最终是为委托方和被委托方的共同利益服务的。该合同用文字明确了合同的各方所需要考虑的问题及欲达到的目标，包括实施服务的具体内容、所需支付的费用以及工作需要的条件等。在监理委托合同中，还必须确认签约双方对所讨论问题的认识，以及在执行合同过程中由于认识上的分歧而可能导致的各种合同纠纷，或者因为理解和认识上的不一致而出现争议时的解决方式，更换工作人员或发生了其他不可预见的事件的处理方法等。依法签订的合同对双方都有法律约束力。合同一经签订，双方必须全面履行。如果合同的某一方不履行或不适当履行合同规定的义务，则应视为违约行为，应承担相应的违约责任。合同一经签订，就不得随意变更或解除。当客观情况发生变化，一方要求变更合同或解除合同时，须经双方协商一致后才能变更或解除，否则也是违约行为。

总之，双方均应严格履行合同，除不可抗力和法律规定的情况外，双方当事人若不履行或不完全履行合同，就要支付违约金，承担违约责任。签订委托合同实际上是为双方在事先就提供了一个法律保护的基础，一旦双方对合同执行中监理服务或对要支付的费用发生争议，书面的合同可以作为法律活动的依据。国外有的咨询监理公司需要从银行借款垫付合同项目监理所需要的资金，书面的合同就是贷款的一个主要依据。因此，项目法人和监理单位应采用书面合同的形式，明确委托方与被委托方的协议内容。

（三）工程建设监理合同的几种形式

国际上咨询或监理合同主要有以下几种形式：

1.正式合同

根据法律要求制定的，并经当事人双方协商一致同意，由适宜的管理机构签订并执行的正式合同。

2.信件合同

任务较小和简单的工程，常用于正规合同订立后，追加任务时采用信件合同。一般双方权利义务在正规合同中，信件合同只是增加少量任务，权利义务不变。为了明确任务的增加，建议以书面形式作出证明。这种信件式合同通常是由项目法人（委托方）制定，由委托方签署一份备案，退给咨询监理单位执行。

3.委托通知单

由委托方发出的执行任务的委托通知单。有时，建设单位（委托方）喜欢用这种办法，即通过一份份的通知单，把监理单位在争取委托合同提出的建议中所规定的工作内容委托给他们，成为监理单位所接受的协议。

4.标准合同

国际上许多具有权威性的咨询或监理行业协会或组织，以及一些国家的政府专门制定的具有一定通用性的标准委托合同范本，提供使用或参照使用。目前国际上比较通用的合同范本多是经过较长时期的实践和多次修改而日趋完善的，较好地体现了条文的严谨性、内容的公正性、整体的科学性、格式的标准化、广泛的适用性等特点，受到业主和咨询监理双方的欢迎，因此，国际上目前广泛地采用或参照这类有权威性的通用标准合同范本，例如，世界银行推荐采用的国际咨询工程师联合会编制的标准合同范本。

随着国际咨询监理业务越来越发达，标准委托合同的应用越来越普遍。采用这些通用性很强的标准合同范本，能够简化合同的准备工作，可以把一个重要的词句简略到最低限度，有利于双方讨论、交流和统一认识，也易于通过相关部门的检查和批准。标准合同都是由法律方面的专家着手制定的，所以采用标准合同范本，能够准确地在法律概念内反映出双方所想要实现的意图。

国际咨询工程师联合会颁布的《业主/咨询工程师标准服务协议书》，由于受到了世界银行等国际金融机构以及一些国家政府相关部门的认可，已作为一种标准委托合同范本，在世界大多数工程中应用。其主要内容包括：定义及解释，咨询工程师的义务，业主的义务，责任和保险，协议书的开始、完成。第二部分特殊应用条件的内容与第一部分顺序编号相联系，这部分内容须专门拟定，以适应每个具体工程的实际情况和要求。

（四）工程建设监理合同的主要内容

从各国情况看，监理委托合同的语言、形式和协议内容是丰富多彩的。但是，其基本内涵并没有什么区别，无论从实际的需要，还是为满足法律的要求，完善的合同都应该具备下列基本内容：

1.签约双方的确认

在工程建设监理合同中，首要的内容通常是合同双方身份的说明。主要说明项目法人和监理单位的名称、地址、监理工程的名称、签约日期等。一般为了避免在整个合同中重复使用全名的烦琐，常常采用缩写的办法说明名称。例如，习惯上喜欢称项目法人或委托方为“甲”方，称监理单位为“乙”方，用“工程师”来代替“监理工程师”或“某监理公司”，等等。有必要指出，确切地指出合同的各方是很重要的，否则，出现名称的错误，很容易导致重大的错误。此外，作为监理单位的代表，还应该清楚，委托的意图是否遵守国家法律，是否符合国家政策和计划的要求，这是保证所签合同在法律上具有效性的重要前提条件。

2.监理的范围和内容

在工程建设监理合同中以专用条款对监理单位提供的服务内容进行详细说明是非常必要的。监理服务的内容可以视项目法人委托的情况而定。如果项目法人委托监理单位提供阶段性服务，这种说明可以较简单，如果项目法人委托建设全过程服务，这种说明相应要复杂得多，需采用较多的文字加以叙述。当然，对于服务的内容在合同中的描述必须恰如其分。这是因为，每个合同项目所需要的都是一种特定的服务，所以，每个合同项目服务内容都是千差万别的。在监理合同的执行过程中，由于项目法人的要求和项目本身需要对合同规定的服务内容加以修改或补充，或增加其他服务内容，须经合同双方重新协商一致加以确定。为了避免发生合同纠纷，监理单位准备提供的每一项服务，都必须在合同中详细说明，对于不属于监理单位提供的服务内容，在合同中也同样要列出来。

3.项目法人的职责、权利和义务

项目法人聘请监理单位的最根本目的，就是在监理合同范围内能保证得到监理工程师的高智能服务，所以，在监理合同中要明确写出保障实现项目法人意图的条款，通常有：（1）进度表。进度表用来说明各部分完成的日期，或附有工作进度的方案。（2）保险。为了保护项目法人的利益，可以要求监理单位进行某种类型的保险，或者向项目法人提供类似的保障。（3）工作分配权。在未经项目法人许可的情况下，监理工程师不得把合同或合同的一部分分包给别的监理单位。（4）授权限制。即要明确授权范围，监理工程师行使权力不得超越这个范围。（5）终止合同。当项目法人认为监理工程师所做的工作不能令人满意时，或项目合同遭到任意破坏时，项目法人有权终止合同。（6）工作人员。监理单位必须提供足够的能够胜任工作的工作人员，他们大多数应该是公司的专职人员，对任何人员的工作或行为，如果不能令人满意，就应调离他们的工作。（7）各种记录和技术资料。监理工程师在整个工作期间，必须做好完整的记录并建立技术档案资料，以便随时可以提供清楚、详细的记录资料。（8）报告。在工程建设的各个阶段，监理工程师要定期向项目法人报告阶段情况和月、季、年度报告。

项目法人除了应偿付监理费用外，还有责任创造一定条件促使监理工程师更有效地进行工作，因此，监理服务合同还应规定项目法人应承担的义务。在正常情况下，项目法人应提供项目建设所需要的法律、资金和保险等服务，当监理单位需要各种合同中规定的工作数据和资料时，项目法人要迅速地设法提供，或指定有关承包商提供（包括项目法人自己的工作人员或聘请其他咨询监理单位曾经作过的研究工作报告资料）。一般来说，项目法人可能同意提供以下条件：监理人员的现场办公用房；包括交通运输、检测、试验设施在内的有关设备；提供在监理工程师指导下工作（或是协助工作）的工作人员；对国际性项目，协助办理海关或签证手续。

一般说来，在合同中还应该有项目法人的承诺，即提供超出监理单位可以控制的、紧急情况下的费用补偿或其他帮助。项目法人应在限定时间内，审查和批复监理单位提出的任何与项目有关的报告书、计划和技术说明书以及其他信函文件。有时，项目法人有可能把一个项目的监理业务按阶段或按专业委托给几家监理单位。这样，项目法人对几家监理单位的关系、项目法人的相关义务等，在与每一家监理单位的委托合同中，都应明确写清楚。

4.监理单位的职责、权利和义务

监理单位受项目法人的委托提供监理服务，在监理合同的条款中，应明确规定监理单位在提供服务期间的职责、权利和义务。监理工程师关心的是通过工作能够得到合同规定的费用和补偿，除此之外，在委托合同中也应明确规定某些保护其利益的条款：关于附加的工作。凡因改变工作范围而委托的附加工作，应确定所支付的附加费用标准；不应列入服务范围的内容。有时必须在合同中明确服务的范围不包括哪些内容；工作延期。合同中要明确规定，由于非监理工程师所能控制，或由于项目法人的行为造成工作延误，监理工程师不应承担责任，按规定给监理工程师补偿；项目法人引起的失误。合同中应明确规定由于项目法人未能按合同及时提供资料、信息或其他服务而造成了额外费用的支付，应当由项目法人承担，监理工程师对此不负责任；项目法人的批复。由于项目法人工作方面的拖拉，对监理工程师的报告、信函等要求批复的书面材料造成延期，监理工程师不承担责任；终止和结束。合同中任何授予项目法人终止合同权力的条款，都应同时包括由于监理工程师的工作所投入的费用和终止合同所造成的损失，应给予合理补偿的条款。

5.监理服务费用

监理服务费用是合同中不可缺少的内容，具体应明确监理服务费用的计取方式和支付方式，如果是国际合同，还要在合同中规定支付的币种，对于相关成本补偿、附加服务和额外服务费用等，需要在合同中确定。如果监理服务费用采用以时间为基础计算费用的方法，不论是按小时、天数或月计算，都要对各个级别的监理工程师、技术员和其他人员的费用率开列支付明细表。对于采用工资加百分比的计费方法，有必要说明不同级别人员的工资率，以及所要采用的百分率或收益增值率。如果使用建设成本的百分率计算费用，在合同中应包括成本百分率的明细表，对于建设成本的定义（即按签订工程承包合同时的估算造价，还是按实际结算造价）也要明确加以说明，如果按成本加固定费用计算费用，在合同中要对成本的项目定义说明，对补偿成本的百分率或固定费用的数额也要加以明确。不论合同中商定采用哪种方法计算费用，都应对支付的时间、次数、支付方式和条件规定清楚。

常见的方法有：按实际发生额每月支付；按双方约定的计划明细表支付，可能是按月或按规定的天数支付；按实际完成的某项工作的比例支付；按工程进度支付。作为监理工程师来说，一般愿意项目法人适当地提早付款，以减少自己投入的流动资金，这样可以适当地减少完成任务所需要的工作投资和成本。

6.违约责任

工程建设监理合同与其他合同一样，应明确违约责任如何承担。在监理合同实施中，任何一方都应严格履行监理合同中约定的义务。如果某一方不能履行或不能全部履行，造成对方的经济损失，应承担相应的违约责任。这些内容在合同中是不可缺少的。

7.合同的生效、变更和终止

在工程建设监理合同中，应明确合同的生效日期、变更的条件和合同终止等条款。例如，项目法人如果要求监理单位全部或部分暂停执行监理业务和终止监理合同，则项目法人应在合同规定的多少天内通知监理单位，监理单位应立即安排停止执行监理业务。又如：监理单位自应获得监理酬金之日起在多少天之内未收到支付收据，而项目法人又未对监理单位提出任何意见，根据合同中的某些条款，监理单位可以向项目法人发出终止合同的通知，如果在合同中规定的时间内没有得到项目法人的答复，监理单位可以终止合同，或自行暂停或继续暂停执行全部或部分监理业务。

8.争议的解决方式

在监理合同执行中，因某一方违约或终止合同而引起的损失和损害赔偿，项目法人和监理单位应协商解决，若未能达成一致意见，可以提交主管部门协调解决，如果协调仍未达成一致意见，根据双方的约定提交仲裁机关仲裁，或向人民法院起诉。这些内容在合同中都是非常必要的，也是不可缺少的组成部分。

9.双方约定的其他事项

除以上内容外，还应包括双方约定的其他事项，例如：监理单位和项目法人有关保险问题，协议中使用的语言、法律、版权、出版、立法变动等方面的内容，可以根据双方的约定写入合同之中，做出详细的规定是非常必要的。

10.签字

签字是监理委托合同中一项重要的组成部分，也是合同商签阶段最后一道程序。项目法人和监理工程师都签了字，便证明他们已承认双方达成的协议，合同也具有了法律效力。项目法人方可以由一个人或几个人签字，这主要视法律的要求及授予签字人的职权决定。

按国外的习惯，如果项目法人是一家独资公司，那么通常是授权一个人代表项目法人签字，有时，合同是由一家公司执行，还需另一家公司作保签证。如果项目法人是一股份公司或合营公司，则要求以董事会名义三人以上的签字。对于监理工程师一方来说，签字的方式将依据其法人情况决定，一般性公司，可以由法人代表或经其授权的代表签字，合伙经营者常常是授权一合伙人，代表合伙组织签字。

工程建设监理合同的内容要全面，使双方的合法权益受到国家法律的保护和约束。双方的责任要明确，特别要注意监理单位的责任，这是因为监理工程师在工作中难免会出现失误。相关责任的承担问题，也应在合同中明确规定。《水利工程建设监理规定》指出，“监理单位在监理过程中，因自身过失造成工程重大损失的应承担一定的法律责任和经济责任”，这是原则性的规定。由于导致工作失误的原因是多方面的，有技术的、经济的、社会的、时效的原因，责任方也可能是项目法人、设计单位、施工单位或监理工程师方面，所以对每一失误要作具体的分析，如果是非监理工程师方面的原因造成的失误，监理工程师不负责任；如果确属监理工程师的数据不实，检查、计算方法错误等造成了失误，就应由监理工程师承担失误责任。只有这样，才能促使监理工程师对自己的工作承担技术责任、经济责任、法律责任。

三、工程监理的费用

（一）监理取费的必要性

我国的建设监理相关规定指出，水利工程建设监理是一种有偿的技术服务活动。监理单位是企业法人，监理单位的活动是一种经营性活动，作为一个企业简单再生产和扩大再生产条件之一，就是监理单位的经营活动必须收取相应补偿费用，即监理服务费。监理服务费应由监理单位与项目法人单位依据所委托的监理内容和工作深度协商确定。从监理单位的角度来看，他们在监理服务中，所收取的货币总额是企业得以生存和发展的血液；用财务术语来说，这笔经费的金额总和称为费用，也有人称此为“补偿”。对于不同的服务规模和内容的合同，所要求的费用也不同，这些都是由项目法人单位和监理单位事先谈判确定的，并在委托合同中说明。

从项目法人单位的立场看，为了使监理单位能顺利地完成任务，达到自己所提的要求，必须付给他们适当的报酬，用以补偿监理单位在完成任务时付出的投资（包括合理的劳务补偿以及需要缴纳的税金），这也是委托合同中规定的委托方的义务。根据已形成的惯例，项目法人单位所付的费用是监理提供监理服务价值的客观体现，而又不使监理单位从中获得过高的利益。我们应特别注意，项目法人单位给予监理服务的补偿较低，在经济上是得不偿失的。适当的补偿费与工程服务所产生的价值相比较，补偿费只是很小的一部分。所以，花费适当的监理服务费用，得到专家高智能服务，保证工程顺利进行，取得较大投资效益，这对项目法人来说，是一项经济划算的投资。

（二）监理服务费用的构成

监理服务费用的构成，是指监理单位在项目工程监理活动中所需要的全部成本，再加上合理的利润和税金。

1.直接成本

直接成本是指监理人履行本监理合同时所发生的成本，主要包括：监理人员的工资，包括其基本工资、职务工资、工龄工资等；监理人员的各种津贴、补贴，包括岗位津贴、加班津贴及目标奖励津贴，探亲旅费，伙食补贴等；办公及公用经费，包括办公费、文印费、摄录费、邮电通信费，房租费、水费、电费、气费，专业软件购置费，书报资料费，培训费，出差费，环卫费、保安费及生活设施费等；测试维护费，如工程常规抽查试验中，检测费、检测设备维护费和运行费等。

2.间接成本

间接成本是指所允许的全部业务经费开支及非项目的特定开支，主要包括：监理单位管理费；附加费，即工会经费，职工教育经费，职工福利费；社会保险基金，包括养老保险基金、医疗保险基金、失业保险基金、住房公积金。附加费用的比例系数应遵照国家和地方的相关规定执行。为简化计算，以上费用可以按监理人员工资计提；监理人自备设备折旧、运行费；辅助人员费用指监理机构雇佣的司机、炊事员及勤杂人员的工资、津贴、补贴等；技术开发费；保险费，包括监理人员人身意外伤害保险费、设备保险费；咨询专家费及其他营业性开支。

3.税金

税金是指按照国家相关规定，监理单位所应缴纳的各种税金总额，如营业税、所得税等。

4.利润

利润一般是监理单位的费用收入和经营成本（直接成本、间接成本及各种税金之和）之差。监理单位的利润应当高于社会平均利润。当然，不同行业、不同的工程监理项目，其费用构成也不可能完全相同，监理单位在计算监理费用时，要充分注意这一点，以便准确地计算监理费用。

（三）服务费用计价方式

由于建设项目的种类、特点以及服务内容的不同，国际上通行的计价方式有多种，采用哪种方式计费，应由双方协商确定，写入合同中。

随着建设监理工作的深入发展，物价水平的提高，国家相关部门正在制定新的监理取费标准，总的原则是既要保证工程顺利实施，不过多增加投资，又要使监理单位有一定的经济收入，增强自身发展的后劲。

第二章　水利工程施工质量管理

第一节　水利工程施工质量管理概念

一、施工质量管理的概念

（一）施工质量

工程质量是指满足项目法人需要的，符合国家法律、法规、技术规范标准、设计文件及合同规定的特性综合，主要表现在六个方面：适用性、耐久性、安全性、可靠性、经济性、与环境的协调性。

工程建设各阶段对质量形成的作用：项目的决策和设计质量的直接影响是项目可行性研究；项目计划规定工程项目应达到质量指标和水准；工程勘察设计控制要紧步骤的工程质量；工程动土阶段在某种程度上，实体质量起着关键性作用；工程竣工验收保证最终产品质量。

（二）施工质量管理的定义

施工质量管理包含质量计划、实践、控制、查验、修正和控制等，是一种系统管理，也就是全面管理的PDCA模式。首先，具有技术措施、组织措施、管理措施、经济措施；其次，分别从人、机、料、法、环上进行控制；最后，分别在事前、事中与事后3个环节加以节制。

二、施工阶段对工程质量的影响

工程项目的施工，是指按照设计图纸及相关文件，在建设场地上将设计意图付诸实现的测量、作业、检验并保证质量的活动。施工的作用将设计意图付诸实施，形成最终产品。任何优秀的勘察设计，只有通过施工才能变成现实。因此工程施工活动决定了设计意图能否实现，直接关系到工程基础、主体结构的安全可靠、使用工程的实现以及外表观感能否体现建筑设计的艺术水平。在一定程度上，工程项目的施工是形成工程实体质量的决定性环节。工程项目施工全部原料，如铁筋、水泥、商品砼、砂石等以及后期采用的装潢的原料要经过有资质的勘测部门查验合格，方能使用。在施工期间监理单位要认真把关，做好见证取样送检及跟踪检查工作，保证施工原料、操作符合设计要求及施工质量验收规范规定。

三、施工质量监督

水利工程质量实行统一监察管理，质量监督机构严格推行政府部门监理职能，监控管理工程质量：

（一）监理单位对施工质量监督

工程施工阶段监察的监察方，监察的内容包括进度控制、质量控制、投资控制协调。首先审核施工场地的质量管理有没有技术规范和完整的施工质量管理系统，施工过程中质量的查验和综合审核标准制度都能运用到实际工作中；详细地审核施工组织规划和施工计划，通过查验和查看工程材料原料、机器装备的质量，消除质量事故的不安全因素。

首先对施工质量管理配套的技术规范和管理体系进行检查；其次对施工质量检验和综合水平评定制定考核制度；再次督促管理体系落实到位；最后仔细认真检查和审查施工组织设计、施工计划、工程材料、设备等质量，消除质量事故的安全隐患。

对工程所用的原料、半成品的质量进行审查和控制；加强对人员、秩序、方式、技巧等管理，制定适合原料的质量要求和技术规范；对多厂家、多途径的钢骨、水泥等材料，对入场前实施两控（既要有质保书、合格证，还需要原料复试报告），不得使用未经查验的工程原料和质量不达标的原料，实时清退施工场地。

在工程施工前实行“三检”制度，监理方组织举行质量会议，到场的职员有施工单位技术负责人、质量检查员及相关各施工队组长等。在施工阶段，严格执行三项检查制度，对每个施工流程进行审查确保质量，并需由公司质监部门专职质量检查人员出面签名验收盖章，须监理方严格检查确定验收、签名，才可以进入下一道流程的施工。若施工单位未组织职员进行三检或专业的质量审核员签名盖章，监理职员应直接回绝验收接受。

严格把好隐蔽工程的签字验收关，发现质量隐患及时向施工单位提出整改。在组织隐蔽工程验收时，首先施工单位组织自检，验收合格后，再由公司专职质检人员核定等级后签字盖章，并填写好验收表单递交监理。然后由监理工程师组织施工单位项目专业质量（技术）负责人等进行验收。现场检查复核原材料，保证材料是否齐全，合格证、试验报告是否齐全，各层标高、轴线也要层层检查，严格验收。

（二）政府对施工质量监督

在国际上，工程质量通常由政府监督监管。建设工程质量关系到每个公民的权益和宁静的生存环境。因此任何一个国度，工程质量都是由当局执政机构进行督查与管制工作。在发达国家，制定并执行住房、都市、道路以及生活的周边地方建设等建设工程质量管理政策，是由政府的建设行政掌管部门完成，并把工程质量监管法则作为一项重要使命，当成重要的监督督察管理项目，包括巨型工程项目和当局执政机构的资金投入项目。建设工程项目的质量监管是当局的质量监查机构，当局的质量监查机构注重全社会的公共环境的建设，贯通于整个建造过程中，具有强制性的作用，主要宗旨是确保建设的项目对每个公民都有益处，依法实施国家的有关法律法规、规范。

质量监督管理制度具有三个特征：第一，权威性。在建设工程质量中得以体现，所有参建工程项目全部监察管理。第二，具有强制性。确保督察的实施，无论是单位还是个人都受到法令的制约，遵从监察管理。第三，具有综合性。任何阶段或特定某个方向可以进行监督管理，而在整个建设过程中，创建单位、勘测单位、规划单位、动工单位、监察单位均可使用。

四、工程施工质量管理的重要性

工程项目的建设是个十分庞大的过程，众多要素影响着工程质量，如规划、技术、地质、原料、工程技术、水文、地貌、施工技术、制作方法、勘察技术以及管理制度等时刻影响施工质量；地点牢固、占地面积偏大的工程项目，没有安稳的工业生产流程，施工工艺及检验技术缺失标准化，没有安稳的生产条件和配套的使用设备等诸多因素影响施工质量，因此很容易呈现出施工质量各种问题。工程完成项目后，如果发现有工程质量问题，工程质量又无法维修或经过维修质量仍不合格，只有拆除重建，对资产本身造成巨大的损失同时也为后续的废墟清理工作带来极大的困难，需要投入大量的人力、物力和财力。所以，质量的管制在工程项目施工流程中尤为重要。

五、水利工程项目施工质量管理

（一）水利工程项目施工质量管理的内容

施工单位必须按其资质等级及业务范围承担相应的水利工程施工任务，施工单位必须接受水利工程质量监督单位对其施工资质等级以及质量保证体系的监督检查。施工单位质量管理的主要内容有：

施工单位必须依照国家、水利行业有关工程建设法规、技术规范、技术标准的规定以及设计文件和施工合同的要求进行施工，并对其施工的工程质量负责。

施工单位不得对其承接的水利建设项目的主体进行转包。分包单位必须具备相应资质等级，并对其分包工程的施工质量向总包单位负责，总包单位对全部工程质量向项目法人负责。

施工单位要推行全面质量管理，建立健全质量保证体系，制定和完善质量规范、质量责任及考核办法，落实质量责任制。在施工过程中要加强质量检验工作，认真执行“三检”制，切实做好工程质量的全过程控制。

竣工工程质量必须符合国家和水利行业现行的工程标准及设计文件要求，并向项目法人提交完整的技术档案、试验成果及有关资料。

（二）水利工程项目施工质量管理的方法

施工质量管理包括质量检查阶段、统计质量管理阶段和全面质量管理阶段。其中，全面质量管理是专业技术、经营管理、数理统计和思想教育相结合，发动施工企业各部门、全体成员、依靠科学理论、程序方法对施工全过程实行质量管理。

施工质量管理分三个阶段：分别质量查验、总括质量管理和全面质量管理阶段。其中，全面质量管理是专业性强、高技术、具有经营模式、统计和思想教育彼此之间相互联系的一种管理，施工单位部门、工作人员需用先进的科学技术与方法进行管理。

为确保工程质量和安全，首先必须健全质量安全管理的组织机构，在拟定监理招标和施工招标文件时，应对投标单位的组织机构提出明确的要求。施工单位和监理单位严格落实投标时的项目管理班子和监理组织机构，工程实施项目经理和总工程师必须与投标时确定的人员一致，对擅自更换项目部和监理机构人员的，应视不同情况分别予以不同数额的经济处罚，并将此项条款列入施工合同和监理合同中，要求施工单位和监理单位严格遵守，确保施工管理机构和监理机构的有效运转。应将工程质量安全管理工作放在重要位置，在日常的项目管理过程中，增强责任意识，高度重视质量管理工作。在工程实施过程中，要落实责任、科学管理、密切配合、共同提高工程质量安全管理水平，避免质量安全事故的发生。

在项目未实施前，编制详细的质量安全管理计划和项目实施方案。质量安全管理如果存在着不利风险因素，应提出有针对性的预防措施和解决办法，争取做到有法可依、有章可循，避免管理的随意性和盲目性；具备严格科学化管理和雄厚的技术力量，严格审查施工图设计、技术、工艺以及选材等材料；邀请相关专家反复评审专业性、技术性很强的项目并且优化方案。

第二节　水利工程施工阶段质量控制的过程内容及方法

一、施工阶段水利工程质量形成及控制的系统过程

由于施工阶段是使项目法人及工程设计意图最终实现并形成工程实体的阶段，也是最终形成工程实体质量的过程，所以施工阶段的质量控制也是一个经由对投入的资源和条件的质量控制（事前控制）进而对生产过程及各环节质量进行控制（事中控制），直到对所完成的工程产出品的质量检验与控制（事后控制）为止的全过程的系统控制过程。这个过程可以根据在施工阶段工程实体质量形成的时间阶段不同来划分，也可以根据施工阶段工程实体形成过程中物质形态转化的阶段来划分，或者是将施工的水利工程作为一个大系统，对其组成结构按施工层次加以分解来划分。

（一）根据施工阶段水利工程实体质量形成过程的时间阶段划分

1.事前控制

事前控制即对施工前的准备阶段进行的质量控制。事前控制是指在各工程对象正式施工活动开始前，对各项准备工作及影响质量的各因素和相关方面进行的质量控制。

2.事中控制

事中控制即施工过程中进行的所有与施工过程相关各方面的质量控制，也包括对施工过程中的中间产品（工序产品或分部、分项工程产品）的质量控制。

3.事后控制

事后控制是指对于通过施工过程所完成的具有独立的功能和使用价值的最终产品（单位工程或整个水利工程）及其相关方面（例如质量文档）的质量进行控制。

（二）按工程实体形成过程中物质形态转化的阶段划分

由于水利工程施工是一项物质生产活动，所以施工阶段的质量控制过程也是一个经由以下三个阶段的控制过程：对投入的物质资源质量的控制；施工过程质量控制，即在使投入的物质资源转化为工程产品的过程中，对影响产品质量的各因素、各环节及中间产品的质量进行控制；对完成的工程产出品质量的控制与验收。

上述三个阶段中，前两个阶段对于最终产品质量的形成具有决定性的作用，而所投入的物质资源的质量控制对最终产品质量又具有举足轻重的影响。所以，在质量控制过程中，无论是对投入物质资源的控制，还是对施工过程的控制，都应当对影响工程实体质量的五个重要因素，即施工有关人员因素、材料（包括半成品、构配件）因素、设备（永久性设备及施工设备）因素、施工方法（施工方案、方法及工艺）因素以及环境因素等进行全面的控制。

（三）按水利工程施工层次划分

水利水电工程可以划分为单项工程、单位工程、分部工程、分项工程等几个层次。各组成部分之间的关系具有一定的施工先后顺序的逻辑关系。显然，工序施工的质量控制是最基本的质量控制，该控制决定了相关分项工程的质量；而分项工程的质量又决定了分部工程的质量；等等。

二、施工阶段质量控制的任务和内容

施工阶段质量控制的任务，按照工程质量形成的时间阶段划分，主要内容如下所述：

（一）施工前准备阶段的质量控制

施工前的质量控制工作主要从两个方面入手：一方面是对承包商所做的施工准备工作的质量进行全面的检查与控制；另一方面是组织好相关工作的质量保证，如图纸会审、技术交底以及处理设计变更等方面的工作。

1.对施工承包商在施工前的准备工作质量的控制

（1）对施工队伍及人员质量的控制

人是施工的主体，是工程产品形成的直接创造者，人员的素质高低及质量意识强弱都直接影响到工程产品的优劣。监理工程师的重要任务之一就是把好施工人员质量关，主要抓好人员资质审查与控制工作。审查承包商的施工队伍及人员的技术资质与条件是否符合相关要求，经监理工程师审查认可后，方可上岗施工；对于不合格人员，监理工程师有权要求承包单位予以撤换。主承包商在选择分包商时，需事先由主承包商提出申请，经监理工程师审查认可，确认其技术能力和管理水平能保证按相关要求完成工程施工后，方可允许进场承担施工任务。其施工人员的技术素质和条件，主承包商也应在施工前报请监理工程师审查符合要求并予以认可后，方可上岗施工。不符合要求的，监理工程师有权要求撤换，或经过培训合格，经监理工程师审查认可后，方可持证上岗。审查、控制的重点一般是施工的组织者、管理者的资质与质量管理水平，以及特殊专业工种和关键的施工工艺或新技术、新工艺、新材料等应用方面的操作者的素质与能力。

（2）对工程所需的原材料、半成品、构配件和永久性设备、器材等的质量控制

工程所需的原材料、半成品、构配件和永久性设备、器材等，将来都将会构成永久性工程的组成部分。所以，它们的质量好坏直接影响到未来工程产品的质量，因此需要事先对其质量进行严格控制。对于材料、设备的质量控制也应当是进行全过程和全面的控制，即从采购、加工制造、运输、装卸、进场、存放、使用等方面进行系统的监督与控制。

检查承包商是否严格按质量标准要求，做好了材料、半成品的订货、采购工作。承包商在确定订货前，先将生产厂家的资信简介、相关技术资料、试验数据和样品呈报监理工程师检查。在监理工程师认为能满足要求时，方可同意订货。当缺乏可靠数据资料或有疑问时，需共同对工厂的生产工艺、管理方式、质量控制检测手段等进行实地调查，确认其可靠性后才能订货。

按验收标准，做好材料、半成品的检查验收工作。若发现有不符合标准的材料，应立即要求承包商予以更换，并将不合格材料在使用前全部运出施工现场。这类事件在实际工作中时有发生。

按规定检查材料的仓储、保管是否得当，特别应注意的是水泥、外加剂的保管质量。

检查施工材料是否按施工进度计划要求供应到了现场，特别应注意的是混凝土工程，施工材料若未备足（包括适当富余量），绝不允许进行开盘浇筑。

承包商不得擅自改变产品供货单位，若需改变，需提前报监理工程师批准。

砂浆、混凝土所使用的各种原材料，经监理工程师确认批准后，承包商还不能自行用于工程中，监理工程师将进一步跟踪。由监理工程师代表、总包、分包的技术人员一起进行配合比设计，进行多方案试配，制作试样，测定拌和物的各种数据，由承包商写出综合报告，交监理工程师选择审批。若达不到要求，需按上述过程重做，直到合格。经监理工程师批准的配合比，承包商不能擅自改变。

（3）对施工方案、方法和工艺的控制

审查承包商提交的施工组织设计或施工计划，以及施工质量保证措施。按照国际惯例，在大中型水利工程施工招标阶段，承包商应根据招标文件及现场勘察的情况，结合本单位的技术实力与经验，制定出实现招标水利工程的施工组织设计和质量保证措施，并作为投标书的重要组成部分，在评标中接受审查。若该承包商中标，则应在此基础上进一步提出详细的施工组织设计，经监理工程师审批、确认后，这一文件即作为以后施工应遵循的纲领性技术文件，成为施工承包合同文件的一部分，不得任意变更。当需变更或修改施工方案或工艺时，必须报请监理工程师审查批准后才能实施。监理工程师对施工组织设计的审核，可以着重抓住以下几个方面：组织体系特别是质量管理体系是否健全；施工现场总体布置是否合理，是否有利于保证施工的正常、顺利地进行，是否有利于保证质量，特别是要对场区的道路、防洪排水、器材存放、给水及供电、混凝土供应及主要垂直运输机械设备布置等方面予以重视；认真审查工程地质特征及场区环境状况，以及它们可能在施工中对质量与安全带来的不利影响。例如，深基础施工的质量与安全有无保证，主体建筑物完成后是否可能出现不正常的沉降，影响建筑物的综合质量，以及现场环境因素对工程施工质量与安全的影响（例如，深基础施工质量及安全保证难度大等），有无应对方案及有针对性的保证质量及安全的措施等；主要的施工组织技术措施针对性、有效性如何。对于基础结构、主体结构、设备安装工程等的主要分部、分项工程施工质量保证有无针对性措施及预控的方法；对于炎夏、严冬及雨季等特殊条件下，某些特定对象的施工质量与安全（如夏季的大体积混凝土施工及防裂，雨季的土方填筑压实，混凝土的冬季施工防冻等），有无可靠而有效的技术和组织措施。

在施工期各分部、分项工程施工之前，承包单位应提出开工申请，并向监理工程师提交相应的施工计划，详细说明为完成该项工程的施工方法、施工机械设备及人员配备与组织，质量保证措施以及进度安排等，报请监理工程师审查认可后方能实施。

施工方案是承包单位根据设计要求及施工图纸、现场勘察所得信息、施工及验收规范、质量检查验收标准、安全操作规程以及施工设备性能等方面情况拟定的。施工方案对工程质量、进度和成本影响很大。监理工程师对施工方案审查主要包括以下几个方面：第一，施工程序的安排。合理的施工程序应当体现以下几个方面：首先，开工前的施工准备应当充分。在顺序上应符合先地下、后地上，先土建、后设备的基本规律。所谓先地下、后地上是指地上工程开工前，应尽量把地下设施和土方与基础工程完成，以避免干扰，造成浪费、影响质量。此外，施工流向要合理，即平面和立面上都要考虑施工的质量保证与安全保证；考虑使用的先后和区段的划分，与材料、构配件的运输不发生冲突；第二，施工机械设备的选择。除应考虑施工机械的技术性能、工作效率，工作质量，可靠性及维修难易、能源消耗，以及安全、灵活等方面对施工质量的影响与保证外，还应考虑其数量配置对施工质量的影响与保证条件；第三，主要项目的施工方法。施工方法是施工方案的核心，合理的施工方法应当是：方法可行，符合现场条件及工艺要求；符合国家相关的施工规范和质量检验评定标准的相关规定；与所选择的施工机械设备和施工组织方式相适应；经济合理。

（4）施工用机械、设备的质量控制

施工承包商所采用的主要施工机械、设备对工程施工的质量保证有重要影响。为此，监理工程师应从以下几个方面进行监控：

在审查承包商提交的施工组织设计或施工计划时，审查其施工机械设备的选型（机械型式、规格及性能参数和数量等）是否恰当；在满足项目法人或工程设计对工程施工质量要求方面有无保证；审查承包商所提供的施工机械设备技术性能报告中所标明的机械性能，是否满足质量要求和适合现场条件。

在设备选型方面，要注意设备型式应与施工对象的特点及施工质量要求相适应。例如，对于黏性土壤的压实，可以采用羊足碾进行分层碾压，但对于砂性土的压实则宜采用振动压实机等类型的机械。在选择机械性能参数方面，也要与施工对象特点及质量要求相适应。例如，在选择起重机械进行吊装施工时，其起重量、起重高度及起重半径均应满足吊装要求。

审查施工机械设备的数量是否足够。例如，是否有足够的机械数量和生产能力，满足混凝土分层浇筑时层间间隔时间不超过初凝时间的要求。

审查所需的施工机械设备，是否按已批准的计划备妥；所准备的机械设备是否与已由监理工程师审查认可的施工组织设计或施工计划中所列相一致；所准备的施工机械设备是否都处于完好和可用状态；等等。如果与批准的计划中所列施工机械不一致，或机械设备的类型、规格、性能不能保证施工质量者，以及维护修理不良，不能保证良好的可用状态者，那么都不准使用，应由承包商再行准备，直至全部达到要求后方可投入施工。

（5）审查与控制承包商对施工环境与施工条件方面的准备工作质量

施工作业所处的环境条件，对于保证工程施工的顺利进行和工程质量有重要影响，为此，监理工程师在施工前应事先对施工环境条件及相应的准备工作质量进行检查与控制。施工作业的环境条件的控制主要有以下几个方面：

①对施工作业的技术环境的控制

所谓作业技术环境条件主要是指诸如水、电或动力供应、施工照明、安全防护设备、施工场地空间条件和通道、交通运输和道路条件等。这些条件是否良好，直接影响到施工能否顺利进行，以及施工质量。例如，水、电供应中断，可能导致混凝土浇筑的中断而造成冷缝；施工照明不良，会给施工操作造成困难，施工质量不易保证；交通运输道路不畅，干扰、延误多，可能造成运输时间延长，运送的混凝土拌和料质量发生变化（如水灰比、坍落度变化）；路面条件差，可能加重所运混凝土拌和料的离析，水泥浆流失；等等。所以，监理工程师应事先检查承包商对施工作业的技术环境条件方面的相关准备工作是否已做好安排和准备妥当。当确认其准备可靠、有效后，方准许其进行施工。

②对施工的质量管理环境的控制

监理工程师对施工质量管理环境的事先检查与控制的内容主要包括：承包商的质量管理、质量保证体系和质量控制自检系统是否处于良好的状态；系统的组织结构、检测制度、人员配备等方面是否完善和明确；准备使用的质量检测、试验和计量等仪器、设备和仪表是否能满足要求，是否处于良好的可用状态、有无合格的证明和率定表；仪器、设备的管理是否符合相关的法规规定；外送委托检测、试验的机构资质等级是否符合相关要求；等等。

③对现场自然环境条件的控制

监理工程师应检查承包商，对于未来的施工期间，当自然环境条件可能出现对施工作业质量的不利影响时，是否事先已有充分的认识并已做好充分的准备和采取了有效措施与对策以保证工程质量。例如，对严寒季节的防冻；夏季的防高温；高地下水位情况下基坑施工的排水或细砂地基防止流砂；施工场地的防洪与排水等。

（6）对测量基准点和参考标高的确认及工程测量放线的质量控制

工程施工测量放线是水利工程由设计转化为实物的第一步，施工测量的质量好坏，直接影响工程的综合质量，并且制约着施工过程中相关工序的质量。例如，测量控制基准点或标高有误，会导致建筑物的位置或高程出现误差，从而影响整体质量；永久设备的基础预埋件定位测量失准，会造成设备难以正确安装的质量问题；等等。因此，工程测量控制可以说是施工之前事先质量控制中的一项基础工作，这项工作是施工准备阶段的一项重要内容，监理工程师应将其作为保证工程质量的一种重要的监控手段。在质量监理中，应由测量专业监理工程师负责工程测量的复核控制工作。

其控制要点如下：监理工程师应要求施工承包商，对于给定的原始基准点、基准线和参考标高等测量控制点进行复核，并上报监理工程师审核批准后，施工承包商方能据此进行准确的测量放线，并应对其正确性负责；复测施工测量控制网。在工程总平面图上，各种建筑物的平面位置是用施工坐标系统的坐标来表示的。施工控制网的初始坐标和方向，一般是根据测量控制点测定的，测定好建筑物的长向主轴线即作为施工平面控制网的初始方向，以后在控制网加密或建筑物定位时，即不再用控制点定向，以免使建筑物发生不同的位移及偏转。复测施工测量控制网时，应抽检控制高程的水准网点以及标桩埋设位置等。

2.监理工程师应做好事前质量保证工作

在一项工程施工前，监理工程师除了要做好上述对承包商所做的各项准备工作质量的监控外，还应组织好如下的各项工作：

（1）做好监控准备工作

建立或完善监理工程师的质量监控体系，做好监控准备工作，使之能适应该项准备开工的施工项目质量监控的需要。例如，针对某分部、分项工程的施工及其特点拟定监理细则，配备监控人员，明确分工及职责，配备所需的检测仪器设备并使之处于良好的可用状态，保证相关人员熟悉相关的监测方法和相关规程，以保证监控质量等。此外，还应督促与协助施工承包商建立健全现场质量管理制度，使之不断完善其质量保证体系，完善与提高其质量检测技术和手段。

（2）设计交底和图纸会审

设计图纸是监理单位、设计单位和承包商进行质量控制的重要依据。为了使施工承包商熟悉相关的设计图纸，充分了解拟施工的水利工程特点、设计意图和工艺与质量要求，同时也为了在施工前能发现和减少图纸的差错，防患于未然，事先能消灭图纸中的质量隐患，监理工程师应做好设计交底和图纸会审工作。

①设计交底

设计交底应在工程施工前，由监理工程师组织设计单位向承包商相关人员进行交底。设计交底的程序是：首先由设计单位介绍设计意图、结构特点、施工及工艺要求、技术措施和相关注意事项及关键问题；再由承包商提出图纸中存在的问题和疑点，以及需要解决的技术难题；然后通过三方研究和商讨，拟定出解决的办法，并写出会议纪要，以作为对设计图纸的补充、修改以及施工的一种依据。设计交底的内容主要包括以下几个方面：相关的地形、地貌、水文气象、工程地质及水文地质等自然条件方面。施工图设计依据方面：包括初步设计文件、主管部门及其他部门（如规划、环保、农业、交通、旅游等）的要求、采用的主要设计规范、甲方提供或市场供应的建筑材料情况等。设计意图方面：设计思想、设计方案比较的情况、基础开挖及基础处理方案、结构设计意图、设备安装和调试要求、施工进度与工期安排等。施工应注意事项方面：如基础处理的要求、对建筑材料方面的要求、主体工程设计中采用新结构或新工艺对施工提出的要求、为实现进度安排而应采用的施工组织和技术保证措施等。

②图纸会审

施工图是工程施工的直接依据，所以，图纸会审是监理单位、设计单位和承包商进行质量控制的重要手段，也是使监理工程师和承包商通过审查熟悉设计图纸，了解工程特点、设计意图和关键部位的工程质量要求，发现和减少设计差错的重要方法。施工图纸会审通常是由监理工程师组织承包商、设计单位参加的。先由设计单位介绍设计意图和设计图纸、设计特点、对施工的要求和技术关键问题。然后，由各方面代表对设计图纸中存在的问题及对设计单位的要求进行讨论、协商，解决存在的问题和澄清疑点，并写出会议纪要。对于在图纸会审纪要中提出的问题，设计单位应通过书面形式进行解释或提交设计变更通知书。若施工图是由承包商编制和提供的，则应由该承包商针对会审中提出的问题修改施工图纸。然后上报监理工程师审查，在获得批准和确认后，方能按该施工图进行施工。图纸审查的内容主要包括以下几个方面：施工图纸设计者（设计单位或承包商）合法资格的认定，以及图纸审核手续是否符合相关规定的要求，是否经设计单位正式签署；图纸与说明书是否齐全（例如，有无钢筋明细表）；设计是否满足相关规定的要求（抗震烈度、环境卫生等要求）；图纸中有无遗漏、差错，或相互矛盾之处（例如，漏列钢筋明细表、尺寸标注有错误、平面图与相应的剖面图相同部位的标高不一致，设备装置等是否相互干扰、矛盾）；图纸的表示方法是否清楚和符合标准（例如，对预埋件、预留孔的表示以及钢筋构造要求是否清楚）；等等；地质及水文地质等基础资料是否充分、可靠；所需材料的来源有无保证，能否替代；新材料、新技术的采用有无问题；所提出的施工工艺、方法是否合理，是否切合实际，是否存在不便于施工之处，能否保证质量要求；施工图或说明书中所涉及的各种标准、图册、规范、规程等，承包商是否具备。

（3）做好施工现场场地及通道条件的保证

为了保证承包商能够顺利地施工，监理工程师应督促项目法人按照承包商施工的需要，事先划定并提供给承包商占有和使用现场相关部分的范围。如果在现场的某一区域内需要不同的承包商同时或先后施工、使用，就应根据施工总进度计划的安排，规定他们各自占用的时间和先后顺序，并在施工总平面图中详细注明各工作区的位置及占用时间。在监理工程师向承包商发出开工通知书时，项目法人即应及时按计划保证质量地提供承包商所需的场地和施工通道以及水、电供应等条件，以保证及时开工，否则即应承担补偿其工期和费用损失的责任。为此，监理工程师应事先检查工程施工所需的场地征用、居民占地设施或堆放物的迁移是否实现，以及道路和水、电及通信线路是否开通；否则，应敦促项目法人努力实现。

（4）严把开工关

监理工程师对与拟开工工程相关的现场各项施工准备工作进行检查合格后，方可发布书面的开工指令；对于已停工程，则需有监理工程师的复工指令方能复工；对于合同中所列工程及工程变更的项目，开工前承包商必须提交“开工申请单”，经监理工程师审查前述各方面条件具备并予以批准后，承包商方能开始正式进行施工。

（二）施工过程中的质量控制

监理工程师在水利工程施工过程中进行质量监控的任务与内容主要有如下几个方面：

1.对承包商的质量控制工作的监控

对承包商的质量控制自检系统进行监督，使其能在质量管理中始终发挥良好作用。若在施工中发现其不能胜任的质量控制人员，可以要求承包商予以撤换；当其组织不完善时，应促使其改进、完善。

监督与协助承包商完善工序质量控制，使其能将影响工序质量的因素自始至终都纳入质量管理范围；督促承包商对重要的和复杂的施工项目或工序要作为重点设立质量控制点，加强控制；及时检查与审核承包商提交的质量统计分析资料和质量控制图表；对于重要的工程部位或专业工程，监理单位还要再进行试验和复核。

2.在施工过程中进行质量跟踪监控

在施工过程中监理工程师要进行跟踪监控，监督承包商的各项工程活动，随时密切关注承包商在施工准备阶段中对影响工程质量的各方面因素所做的安排，在施工过程中是否发生了不利于保证工程质量的变化，诸如施工材料质量、混合料的配合比、施工机械的运行与使用情况、计量设备的准确性、上岗人员组成和变化，以及工艺与操作等情况是否始终符合要求。若发现承包商有违反合同规定的行为或质量不符合相关要求，例如，材料质量不合格、施工工艺或操作不符合相关要求、现场上岗的施工人员技术资质条件不符合相关要求等，监理工程师有权要求承包商予以处理，直到使监理工程师满意。必要时，监理工程师还有权指令承包商暂时停工加以解决。

（1）严格工序间的交接检查

对于主要工序作业和隐蔽作业，通常应按相关规范要求，由监理工程师在规定的时间内检查、确认其质量符合要求后，方能进行下一道工序施工。例如，上一道工序为开挖基槽，若挖好的基槽未经监理工程师检查并签字确认其质量合格，就不能进行下一道垫层的施工。

（2）建立施工质量跟踪档案

监理工程师为了对承包商所进行的每一分项工程或分部工程的各道工序质量

实施严密、细致和有效的监督、控制，常需把建立施工跟踪档案作为一项十分重要的工作予以实施。所谓施工质量跟踪档案，在我国叫作施工记录，在国际工程中常称作施工跟踪档案。该档案是针对各分部工程、分项工程所建立的，在承包商进行工程对象施工期间，实施质量控制活动的记录，还包括监理工程师对这些质量控制活动的意见以及承包商对这些意见的答复，该档案详细地记录了工程施工阶段质量控制活动的全过程。因此，该档案不仅在工程施工期间对工程质量的控制有重要作用，而且在工程竣工和投入运行后，对于查询和了解工程建设的质量情况以及工程的维修和管理也能提供大量有用的资料和信息。

施工跟踪档案包括两个方面：第一，材料生产跟踪档案，主要包括相关的施工文件目录，如施工图、工作程序及其他文件；不符合项的报告及其编号；各种试验报告（如力学性能试验、材料级配试验、化学成分试验等）；各种合格证（称量合格证、率定合格证等）；各种维修记录；等等。第二，建筑物施工跟踪档案。各建筑物施工均可以按分部工程、分项工程或单项工程建立各自的施工质量跟踪档案，如基础开挖、土建施工、机组安装、电气设备安装等。在每个施工质量跟踪档案中应包括各自的相关文件、图纸、试验报告、质量合格证、质量自检单、监理工程师的质量验收单，以及各工序的施工记录等，此外，还应包括：关于不符合项的报告和通知，以及对其处理的情况等。

施工质量跟踪档案是在工程施工开始前，由监理工程师帮助承包商首先研究并列出各施工对象的质量跟踪档案清单。以后，随着工程施工的进展，要求承包商在各建筑对象施工前两周建立相应的质量跟踪档案并公布相关资料。随着施工的进行，承包商应不断补充和填写关于材料、半成品生产或建筑物施工、安装的相关内容，记录新的情况。在每一阶段的建筑物施工完成后，相应的施工质量跟踪档案也应随之完成，承包商应在相应的跟踪档案上签字、留档，并送交监理工程师一份。

3.施工过程中的工程变更

在工程施工过程中，无论是建设单位及设计单位提出的工程变更或图纸修改，都应通过监理工程师审查并组织相关方面研究，确认其必要性后，由监理工程师发布变更指令方能生效予以实施。

4.施工过程中的检查验收

对于各工序的产出品，应先由承包商按规定进行自检，自检合格后向监理工程师提交“质量验收通知单”，监理工程师收到通知单后，应在合同规定的时间内及时对其质量进行检查，确认其质量合格并签发质量验收单后，方可进行下一道工序的施工。

重要的工程部位和工序，或监理工程师对承包商的施工质量状况未能确信者，以及重要的材料、半成品的使用等，还需由监理工程师亲自进行试验或技术复核。

5.下达停工指令控制施工质量

出现下列情况，监理工程师有权行使质量控制权，下达停工令，及时进行质量控制：

施工中出现质量异常情况，经提出后，承包商未采取有效措施，或措施不力未能扭转这种情况者。

隐蔽作业未经依法查验确认合格，而擅自封闭者。

已发生质量事故迟迟未按监理工程师要求进行处理，或者是已发生质量缺陷或事故，若不停工则质量缺陷或事故将继续发展的情况。

未经监理工程师审查同意，而擅自变更设计或修改图纸进行施工者。

未经技术资质审查的人员或不合格人员进入现场施工者。

使用的原材料、构配件不合格或未经检查确认者；或擅自采用未经审查认可的代用材料者。

擅自使用未经监理单位审查认可的分包商进场施工。

三、施工阶段质量监督控制的途径与方法

监理工程师在施工阶段进行监控主要是通过审核相关文件、报表，以及进行现场检查及试验这两方面的途径和相应的方法实现的。

（一）审核相关技术文件、报告或报表

审核相关技术文件、报告或报表是对工程质量进行全面监督、检查与控制的重要途径。其具体内容主要包括以下几个方面：审核进入施工现场的分包单位的资质证明文件，控制分包单位的质量；审批承包商的开工申请书，检查、核实与控制其施工准备工作质量；审批承包商提交的施工方案、施工组织设计或施工计划，控制工程施工质量有可靠的技术措施保障；审批承包商提交的相关材料、

半成品和构配件质量证明文件（出厂合格证、质量检验或试验报告等），确保工程质量有可靠的物质基础；审核承包商提交的反映工序施工质量的动态统计资料或管理图表；审核承包商提交的相关工序产品质量的证明文件（检验记录及试验报告）、工序交接检查（自检）、隐蔽工程检查、分部分项工程质量检查报告等文件、资料，以确保和控制施工过程的质量；审批相关设计变更、修改设计图纸等，确保设计及施工图纸的质量；审核相关应用新技术、新工艺、新材料、新结构等的技术鉴定书，审批其应用申请报告，确保新技术应用的质量；审批相关工程质量缺陷或质量事故的处理报告，确保质量缺陷或事故处理的质量；审核与签署现场相关质量技术签证、文件等。

（二）现场质量监督与检查

1.现场监督与检查的内容

开工前的检查主要是检查准备工作的质量，能否保证正常施工及工程施工质量；工序施工中的跟踪监督、检查与控制，主要是监督、检查在工序施工过程中，人员、施工机械设备、材料、施工方法、工艺或操作以及施工环境条件等是否均处于良好的状态，是否符合保证质量的要求，若发现有问题应及时纠偏和加以控制；对于重要的和对工程质量有重大影响的工序（例如预应力张拉工序），还应在现场进行施工过程的旁站监督与控制，确保使用材料及工艺过程质量；工序产品的检查、工序交接检查及隐蔽工程检查。在承包商自检与互检的基础上，监理人员还应进行工序交接检查。隐蔽工程需监理人员检查确认其质量后，才允许加以覆盖；复工前的检查。当工程因质量问题或其他原因，监理工程师指令停工后，在复工前应经监理人员检查认可后，下达复工指令，方可复工；在分项工程、分部工程完成后，应经监理人员检查认可后，签署中间交工证书；对于施工难度大的工程结构或容易产生质量通病的施工对象，监理人员还应进行现场的跟踪检查。

2.现场质量检验工作的方法

（1）质量检验工作

质量检验就是根据一定的质量标准，借助一定的检测手段来估价工程产品、材料或设备等的性能特征或质量状况的工作。在检验每种质量特征时，质量检验工作一般包括以下工作：明确某种质量特性的标准；量度工程产品或材料的质量特征数值或状况；记录与整理相关的检验数据；将量度的结果与标准进行比较；对质量进行判断与估价；对符合质量要求的做出安排；对不符合质量要求的进行处理。

（2）质量检验的方法

对于现场所用原材料、半成品、工序过程或工程产品质量进行检验的方法，一般可以分为三类，即目测法、检验工具量测法以及试验法。目测法，即凭借感官进行检查，也可以叫作感觉性检验。这类方法主要是根据质量要求，采用看、摸、敲、照等手法对检查对象进行检查，“看”就是根据质量标准要求进行外观检查，例如工人的施工操作是否正常，混凝土振捣是否符合相关要求等。“摸”就是通过触摸手感进行检查、鉴别。“敲”就是运用敲击方法进行音感检查。“照”就是通过人工光源或反射光照射，仔细检查难以看清的部位。量测法，就是利用量测工具或计量仪表，通过实际量测结果与相关规定的质量标准或相关规范的要求相对照，从而判断质量是否符合相关要求。试验法是指通过现场试验或在实验室做实验等理化试验手段，取得数据，分析判断质量情况。工程中常用的理化试验包括各种物理力学性能方面的检验和化学成分及含量的测定等两个方面。

（3）质量检验程度的种类

按质量检验的程度，即检验对象被检验的数量划分，包括以下几类：

①全数检验

全数检验也叫作普遍检验。全数检验主要是用于关键工序部位或隐蔽工程，以及那些在相关技术规程、质量检验评定标准或设计文件中有明确规定应进行全数检验的对象。总之，对于诸如规格、性能指标对工程的安全性、可靠性起决定性作用的施工对象，质量不稳定的工序，质量水平要求高、对后继工序有较大影响的施工对象，当不采取全数检验不能保证工程质量时，均需做全数检验，例如，安装模板的稳定性、刚度、强度、建筑物轮廓尺寸等。

②抽样检验

对于主要的建筑材料、半成品或工程产品等，由于数量大，通常大多采取抽样检验，即从一批产品中，随机抽取少量样品进行检验，并根据对其数据统计分析的结果，判断该批产品的质量状况。与全数检验相比较，抽样检验具有如下优点：检验数量少，比较经济；适合于需要进行破坏性实验（如混凝土抗压强度的检验）的检验项目；检验所需时间较少。

③免检

免检就是在某种情况下，可以免去质量检验过程。对于已经有足够证据证明质量有保证的一般材料或产品；或实践证明其产品质量长期稳定、质量保证资料齐全者；或是某些施工质量只有通过施工过程中的严格质量控制，而质量检验人员很难对产品内在质量再做检验的，均可以考虑采取免检。

（4）质量检验必须具备的条件

监理单位对承包商进行有效的质量监督是以质量检验为基础的，为了保证质量检验的工作质量，必须具备一定的条件，如：监理单位要具有足够的检验技术力量，要配备所需的各类具有相应水平和资格的质量检验人员，必要时，还应建立可靠的对外委托检验关系；监理单位应建立一套完善的管理制度，包括建立质量检验人员的岗位责任制；检验设备质量保证制度；检验人员技术核定与培训制度；检验技术规程与标准实施制度；检验资料档案管理；配备符合标准及满足检验工作需要的检验和测试手段；具备适宜检验的工作条件，即检验工作必须有的工作环境条件，如场地、工作面、照明、安全条件；检验标准规定的技术环境条件，如空气温度、湿度、防尘、防震等；质量检验所需的评价标准条件，即技术标准。若尚无适宜的标准可用，也可以根据工程实际情况与相关单位研究制定相应的质量检验标准，报相关部门审查认可。

（5）质量检验计划

水利工程的质量检验工作具有流动性、分散性及复杂性的特点。为使监理人员能有效地实施质量检验工作和对承包商进行有效的质量监控，监理单位应制订质量检验计划。通过质量检验计划这种书面文件，可以清楚地向相关人员表明应检验的对象是什么，应如何检验、检验的评价标准如何以及其他要求等。质量检验计划的内容包括：分部工程、分项工程名称及检验部位；检验项目，即应检验的性能特征，以及其重要性级别；检验程度和抽检手段；应采用的检验方法和手段；检验所依据的技术标准和评价标准；认定合格的评价条件；质量检验合格与否的处理；对检验记录及签发检验报告的要求；检验程序或检验项目实施的顺序。监理工程师在进行质量检查时，若对文件发生疑问，则应要求承包商予以澄清；若发现工程质量缺陷和质量事故，则应指令承包商进行处理。

第三节　水利工程施工工序质量的控制及事故的处理

一、施工工序质量的控制

工程实体质量是在施工过程中形成的，而不是最后检验出来的；此外，施工过程中质量的形成受各种因素的影响最多，变化最复杂，质量控制的任务与难度也最大。因此，施工过程的质量控制是施工阶段工程质量控制的重点，监理工程师必须加强对施工过程中的质量控制。由于施工过程是由一系列相互联系与制约的工序所构成，工序是人、材料、机械设备、施工方法和环境等因素对工程质量综合起作用的过程，所以对施工过程的质量监控，必须以工序质量控制为基础核心，落实在各项工作的质量监控上。施工过程中质量控制的主要工作应是：以工序质量控制为核心，设置质量控制点，进行预控、严格质量检查和加强成品保护。

（一）工序质量控制的内容和实施要点

1.工序质量监控的内容

工序质量监控主要包括两个方面：对工序活动条件的监控和对工序活动效果的监控。

（1）工序活动条件的监控

所谓工序活动条件监控是指对于影响工序生产质量的各因素进行控制，换言之，就是要使工序活动能在良好的条件下进行，以确保工序产品的质量。工序活动条件的监控包括以下两个方面：

①施工准备方面的控制

施工准备方面的控制即在工序施工前，应对影响工序质量的因素或条件进行监控。该部分要控制的内容一般包括：人的因素，如施工操作者和相关人员是否符合上岗要求；材料因素方面，如材料质量是否符合标准，能否使用；施工机械设备的条件，诸如其规格、性能、数量能否满足要求；拟采用的施工方法及工艺是否恰当，产品质量有无保证；施工的环境条件是否良好；等等。这些因素或条件应符合相关规定的要求或保持良好的状态。监理工程师应加强对施工准备中上述各方面的控制。

②施工过程中对工序活动条件的监控

对影响工序产品质量的各因素的监控，不仅体现在开工前的施工准备中，而且还应贯穿于整个施工过程中，包括各工序、各工种的质量保证与控制活动。在施工过程中，工序活动是在经过审查认可的施工准备的条件下展开的。所以，监理工程师对于施工过程中工序活动条件的监控，要注意各因素或条件的变化，如果发现某种因素或条件向不利于工序质量方面变化，应及时予以控制或纠正。在各种因素中，投入施工的物料，如材料、半成品等，以及施工操作或工艺是最活跃和易于变化的因素，应予以特别注意监督与控制，使它们的质量始终处于控制之中，符合相关标准及要求。

因此，监理工程师应着重抓好以下监控工作：第一，对投入物料的监控，主要是指工序过程中，随时对所投入的物料等的质量特性指标的检查、控制，例如对混凝土拌和料坍落度的控制等；第二，对施工操作或过程的控制，主要是指在工序施工过程中，监理人员应通过旁站监督等方式，监督、控制施工及检验人员按相关规定和要求的操作规程或工艺标准进行施工；第三，其他方面的监控。在工序活动中，除对投入物料、工艺或操作等方面要加强控制外，对其他方面诸如施工机械设备、施工环境条件以及人员状况等，也应随时注意其条件的变化，如果发现它们出现不利于保证施工质量的情况或现象，例如不符合上岗条件的人员上岗操作等，应及时加以控制和纠正。

（2）工序活动效果的监控

工序活动效果的监控反映在对工序产品质量性能的特征指标的控制上，主要是指对工序活动的产品采取一定的检测手段，进行检验，根据检验结果分析、判断该工序活动的质量（效果），从而实现对工序质量的控制。其监控步骤如下：

①实测

实测即采用必要的检测手段，对抽取的样品进行检验，测定其质量特性指标（例如混凝土的抗拉强度）。

②分析

分析即对检验所得数据进行整理、分析，找出其规律；根据对数据分析的结果，判断该工序产品是否达到相关规定的质量标准；如果未达到，应找出原因。

③纠正或认可

若发现质量不符合相关规定标准，应采取措施纠正；如果质量符合相关要求则予以确认。

2.工序活动质量监控

实施要点：监理工程师实施工序活动质量监控，应分清主次抓住关键，依靠完善的质量体系和质量检查制度，完成工序活动的质量控制，其实施要点如下：

（1）确定工序质量控制计划

工序质量控制计划是以完善的质量体系和质量检查制度为基础的。工序质量控制计划要明确规定质量监控的工作程序或工作流程和质量检查制度等，作为监理工程师和承包商共同遵循的准则。

（2）进行工序分析，分清主次，重点控制

所谓工序分析就是要在众多影响工序质量的因素中，找出对特定工序重要的或关键的质量特征性能指标起支配性作用或具有重要影响的那些主要因素，以便能在工序施工中针对这些主要因素制定出控制措施及标准，进行主动的、预防性的重点控制，严格把关。例如，振捣混凝土这一工序中，振捣的插点和振捣时间是影响质量的主要因素，监理人员应加强现场监督并要求承包商严格控制。

工序分析一般可以按以下步骤进行：选定分析对象，分析可能的影响因素，找出支配性的要素。包括以下工作：选定的分析对象可以是重要的、关键的工序，或者是根据过去的资料确认为经常发生质量问题的工序；掌握特定工序的现状和问题，确定改善质量的目标；分析影响工序质量的因素，明确支配性的要素；针对支配性要素，拟定对策计划，并加以核实；将核实的支配性要素编入工序质量表，纳入相关标准或相关规范；对支配性要素落实责任，按相关标准的规定实施重点管理。

（3）对工序活动实施跟踪的动态控制

影响工序活动质量的因素对工序质量所产生的影响，可能表现为一种偶然的、随机性的影响，也可能表现为一种系统性的影响。前者表现为工序产品的质量特征数据是以平均值为中心，上、下波动不定，呈随机性变化，此时的工序质量基本上是稳定的，质量数据波动是正常的，这种波动是由于工序活动过程中一些偶然的、不可避免的因素造成的。例如所用材料上的微小差异，施工设备运作的正常振动、检验误差等。这种正常的波动一般对产品质量影响不大，在管理上是容许的。而后者则表现为在工序产品质量特征数据方面出现异常大的波动或差异，其数据波动呈一定的规律性或倾向性变化。例如数值不断增大或减小、数据大于（或小于）标准值、呈周期性变化等。这种质量数据的异常波动通常是由于系统性的因素造成的，例如使用了不合格的材料、施工机具设备严重磨损、违章操作、检验量具失准。这种异常波动，在质量管理上是不允许的，应令承包商采取措施设法加以消除。

因此，监理人员和施工管理者应在整个工序活动中，连续地实施动态跟踪控制，通过对工序产品的抽样检验，判定其产品质量波动状态，若工序活动处于异常状态，则应查找出影响质量的原因，采取措施排除系统性因素的干扰，使工序活动恢复到正常状态，从而保证工序活动及其产品质量。

（4）设置工序活动的质量控制点进行预控

所谓质量控制点是指为了保证工序质量而确定的重点控制对象、关键部位或薄弱环节。设置控制点是保证达到工序质量要求的必要前提，监理工程师在拟定质量控制工作计划时，应予以详细考虑，并以制度来保证落实。对于质量控制点，一般要事先分析可能造成质量问题的原因，再针对原因制定对策和措施进行预控。

（二）质量控制点的设置

质量控制点是施工质量控制重点，设置质量控制点就是要根据水利工程的特点，抓住影响工序施工质量的主要因素，对工序活动中的重要部位或薄弱环节，事先分析影响质量的原因，并提出相应的措施，以便进行预控。选择与设置质量控制点的要点如下所述：

1.选择质量控制点的一般原则

可以作为质量控制点的对象，涉及面广，可能是技术要求高、施工难度大的结构部位，也可能是影响质量的关键工序、操作或某一环节。总之，结构部位、影响质量的关键工序、操作、施工顺序、技术参数、材料、机械、自然条件、施工环境等均可作为质量控制点来控制。概括说来，应当选择那些保证质量难度大的、对质量影响大的或者是发生质量问题时危害大的对象作为质量控制点。选择作为质量控制点的对象可以是：施工过程中的关键工序或环节以及隐蔽工程，例如钢筋混凝土结构中的钢筋架立；施工中的薄弱环节，或质量不稳定的工序、部位或对象；对后续工程施工或后续工序质量或安全有重大影响的工序、部位或对象，例如预应力结构中的预应力钢筋质量（如硫、磷含量）、模板的支撑与固定等；采用新技术、新工艺、新材料的部位或环节；施工上无足够把握的、施工条件困难的或技术难度大的工序或环节，例如复杂曲线模板的放样等。是否设置为质量控制点，主要视其对质量特征影响的大小、危害程度以及其质量保证的难度大小而定。

2.可以作为质量控制点重点控制的对象

（1）人的行为

对某些工序或操作，应以人为重点进行控制，例如高空、高温、水下、危险作业等。对人的身体素质或心理素质应有相应的要求；技术难度大或精度要求高的作业，如复杂模板放样，精密、复杂的设备安装，以及重型构件吊装等对人的技术水平均有相应的较高要求。

（2）物的状态

对于某些工序或操作，应以物为监控重点。例如：精密配料中所需的计量仪器与装备；多工种立体交叉作业的空间与场地条件等。

（3）材料的质量与性能

材料的质量与性能常是直接影响工程质量和安全的主要因素，对某些工程尤为重要，常作为控制的重点。例如，在预应力钢筋混凝土构件施工中使用的预应力钢筋性能与质量，要求质地均匀，硫、磷含量低，以免发生冷脆或热脆；岩石基础的防渗灌浆，灌浆材料细度及可灌性等都是直接影响灌浆质量和效果的主要因素。

（4）关键的操作

关键的操作是对关键环节采取的操作，如预应力钢筋的张拉工艺操作过程及张拉力的控制，是可靠的建立预应力值和保证预应力构件质量的关键操作。

（5）施工技术参数

施工技术参数是指为了达到某种质量目的而需要达到的各项指标，例如：对填方进行压实时，对填土含水量等参数的控制是保证填方质量的关键；对于岩基水泥灌浆，灌浆压力和吃浆率等技术参数是质量控制的重要指标。

（6）施工顺序

对于某些工作必须严格遵守工序或操作之间的顺序，例如，对于冷拉钢筋应先对焊、后冷拉，否则会失去冷强等。

（7）技术间歇

有些工序之间需要有必要的技术间歇时间，例如：混凝土浇筑后至拆模之间应保持一定的间歇时间；当混凝土大坝坝体分块浇筑时，相邻浇筑块之间必须保持足够的间歇时间；等等。

（8）易发生或常见的施工质量通病

例如管道接头的渗漏等。

（9）新工艺、新技术、新材料的应用

由于缺乏经验，施工时可作为重点进行严格控制。产品质量不稳定、不合格率较高的工序应列为质量控制的重点。

（10）易对工程质量产生重大影响的施工方法

例如，液压滑模施工中的支撑杆失稳问题、升板法施工中提升差的控制等，都是一旦施工不当或控制不严，即可能引起重大质量事故的问题，也应作为质量控制的重点。

（11）特殊地基或特种结构

如大孔性湿陷性黄土、膨胀土等特殊土地基的处理都应予以特别重视。

总之，质量控制点的选择要准确、有效。为此，一方面需要有经验的工程技术人员来进行选择，另一方面也要集思广益，集中群体智慧，由有关人员充分研究讨论，在此基础上进行选择。选择时要根据对重要的质量特性进行重点控制的要求，选择质量控制的重点部位、重点工序和重点的质量因素作为质量控制点，进行重点控制和预控，这是进行质量控制的有效方法。

3.质量控制中的见证点和停止点

“见证点”和“停止点”是国际上对于重要程度不同及监督控制要求不同的质量控制对象的一种区分方式。实际上它们都是质量控制点，只是由于它们的重要性或其质量后果影响程度有所不同，所以在实施监督控制时的运作程序和监督要求也有区别。

（三）工程质量的预控

1.质量预控的概念

所谓工程质量预控，就是针对所设置的质量控制点或分部工程、分项工程，事先分析在施工中可能发生的质量问题和隐患，分析可能的原因，并提出相应的对策，制定对策表，采取有效的措施进行预先控制，以防止在施工中发生质量问题。质量预控及对策的表达方式主要有：文字表达、用表格形式表达的质量预控对策表、用解析图形式表达的质量预控对策表。

2.质量预控示例

（1）钢筋电焊焊接质量的预控

可能产生的质量问题：焊接接头偏心弯折；焊条型号或规格不符合要求；焊缝的长度、宽度、厚度不符合要求；凹陷、焊瘤、裂纹、烧伤、咬边、气孔、夹渣等缺陷。

根据对电焊钢筋质量上可能产生的质量问题的估计，分析产生上述电焊质量问题的重要原因，不外乎两个方面：一是施焊人员技术不良，另一是焊条质量不符合要求。所以监理人员可以有针对性地提出如下质量预控的措施：检查焊接人员有无上岗合格证明，禁止无证上岗；焊工正式施焊前，必须按规定进行焊接工艺试验；每批钢筋焊完后，承包商自检并按规定取样进行力学性能试验，然后由专业监理人员抽查焊接质量，必要时需抽样复查其力学性能；在检查焊接质量时，应同时抽检焊条的型号。

（2）混凝土灌注桩质量预控

用简表形式分析其在施工中可能发生的主要质量问题和隐患，并针对各种可能发生的质量问题，提出相应的预控措施。

二、工程质量事故的处理

（一）产生工程质量事故的原因

所谓工程质量事故，是指工程质量不符合相关规定的质量标准或设计要求。质量事故按其严重程度不同，分为一般事故和重大事故。一般事故指经济损失在5000元至10万元之间者。符合下列情况之一者，称为重大事故：建筑物、构筑物的主要结构倒塌；超过规定的基础不均匀下沉，建筑物倾斜、结构开裂或主体结构强度严重不足；经技术鉴定，影响主要构件强度、刚度及稳定性，进而影响结构安全和建筑物寿命，造成不可挽回的永久性缺陷；造成重要设备的主要部件损失，严重影响设备及其相应系统的使用功能；经济损失在10万元以上者。

产生工程质量事故的原因多种多样，但可以归纳为以下几个方面：1.设计错误。结构方案不正确，计算简图与实际受力不符，荷载取值过小，内应力分析有误等，都是诱发质量事故的隐患。2.自然灾害。工程建设受自然条件影响大，雷电、洪水、大风、暴雨等都能造成重大的质量事故。3.施工和管理的原因。许多工程质量事故，往往是由施工和管理不当所造成；工程地质的原因，如地质勘查报告不详细、不准确等，均会导致采用错误的基础方案，造成地基不均匀沉降、失稳，使上部结构及墙体开裂、破坏、倒塌；设备、材料及制品不合格或有缺陷；使用荷载超过原设计的容许荷载；任意开槽、打洞等。

（二）质量事故的处理

1.质量事故处理的原则

质量事故发生后，应坚持“四不放过”的原则，即事故原因不查清不放过，事故主要责任者和职工未受到教育不放过，补救措施不落实不放过，主管领导责任不查清不放过。按事故严重程度，分别由承包商召集相关施工队长、班组长和施工人员，共同分析发生事故的原因，查明事故责任，研究防范措施，对责任者进行批评、教育或处罚，并以具体事例向相关人员进行宣传教育，防止事故重复发生。施工过程中发现质量事故，不分事故大小，施工人员应立即上报，并进行初步检查。若属一般事故，由班组写出事故报告，经专职质检员核实签字后，报送承包商的行政和技术负责人，以及监理工程师代表。若属重大事故或大事故，承包商应立即向建设（监理）单位和质量监督部门提出书面报告，并通知设计单位，同时按相关规定向上级报告和及时填报重大事故报告单。由质量事故而造成的损失费用，坚持该谁承担事故责任，由谁负责的原则。

质量事故的责任者大致为：承包商；设计单位；项目法人。施工质量事故若是承包商的责任，则事故分析和处理中发生的费用完全由承包商自己负责；施工质量事故责任者若非承包商，则质量事故分析和处理中发生的费用不能由承包商承担，相反承包商可以向项目法人提出索赔。若是设计单位或监理单位的责任，应按照设计合同或监理委托合同的相关条款，对责任者按情况给予必要的处理。

2.工程质量事故的处理程序

质量事故处理的目的是消除缺陷或隐患，以保证建筑物安全正常使用，满足各项建筑功能要求，保证施工正常进行。处理工程质量事故，是质量监理的重要内容之一，其程序如下：

（1）通知承包商

监理工程师一旦发现工程中出现质量事故，首先要以质量通知单的形式通知承包商，并要求承包商停止有质量缺陷的部位及与其有关联的部位的下一道工序的施工。

（2）承包商报告质量事故的情况

承包商接到质量通知单后，应详细报告质量事故的情况。报告的内容包括：质量事故的详细情况；质量事故的严重程度；造成质量事故的原因；提出修补缺陷的具体方案；避免出现类似质量事故的技术措施。

（3）进行调查和研究

监理工程师对承包商的质量事故报告，进行调查和研究。质量事故的处理，与工程质量、工期和工程费用方面，都有着直接的关系。因此，监理工程师在对质量事故做出处理决定时，应进行认真的调查和研究。特别是对一些复杂的工程质量事故，还应进行试验验证、定期观测或专门论证等工作。

（4）质量事故的处理

监理工程师对质量事故的处理，一般作出三种决定：第一，不需进行处理。在下列情况下，监理工程师常做出不需要进行处理的决定：不影响结构安全、生产工艺和使用要求；某些轻微的质量缺陷，通过后续工序可以弥补的，可以不处理；检验中的质量问题，经论证后可以不作处理；对出现的事故，经复核验算，仍能满足设计要求者可以不作处理。第二，修补处理。监理工程师对某些虽然未达到相关规范规定的标准，存在一定的缺陷，但经过修补后还可以达到相关规范要求的标准，同时又不影响使用功能和外观质量问题，可以作出进行修补处理的决定。第三，返工处理。凡是工程质量未达到合同规定的标准，有明显而又严重的质量问题，又无法通过修补来纠正所产生的缺陷，监理工程师应对其做出返工处理的决定。

第三章　水资源的危机管理与防治

第一节　水资源危机

一、水资源危机带来的生存与发展问题

（一）严重制约社会经济发展

1.造成巨大的经济损失

水资源危机的代价首先是经济上的。环境问题正在严重地影响着国家的整体社会经济发展。《中国环境报》报道：最近几年，与生态破坏和环境污染有关的经济代价已高达国民生产总值（GNP）的14%。前不久，世界银行估计：空气和水污染使中国损失大约8%的GNP，约为5000亿元。每年城市缺水造成工业产值的损失达1200亿元。每年水污染对人体健康的损害价值至少400亿元，环境因素已经被列为影响今天中国人民发病率和死亡率的四大主要因素之一。

污染治理给国家和地方财政带来了沉重的经济负担，势必影响经济建设和发展。水污染将增加城市生活用水和工业用水的处理费用，由于水量巨大，处理费用往往也很多。根据太湖地区一些城市的资料，由于水污染，每千吨供水就要增加处理费用20～40元，最多的甚至达到56.8元，如果不增加处理，就会造成工业产品质量下降。由此造成的损失也是巨大的，在太湖地区，通常是搬迁取水口，这导致每年都要花很多额外的钱。

2.对农业发展的影响

大部分水需求的增长发生在发展中国家，因为那里的人口增长和工农业发展

都是最快的。大部分这样的国家处在非洲和亚洲的干旱及半干旱地区，他们将大部分可利用的水资源用于农业灌溉，而没有多余的水资源，也没有财力将其发展方向从密集的灌溉农业转向其他产业，创造更多的就业机会并获得收入以进口粮食来满足日益增长人口的需要。农业是经济发展的基础，目前世界60亿人口都要依靠农业来满足最基本的生存需要，而农业灌溉每年消耗水量约为世界用水量的70%。水资源危机使大面积缺水地区的农业灌溉得不到保证，耕地退化并经常受到旱灾的威胁，从而制约了地区的农业发展。另外，随着工业、城市取水量的剧增，造成大量农业用水被工业和城市用水侵占，使农业用水更加得不到保证，也对地区农业起到了阻碍作用。

3.对工业发展的影响

水资源不足同样制约着工业的发展，在世界各地，随着工业的发展，工业用水量直线上升，特别是发展中国家，目前生产力水平较低，工业不够发达，工业耗水相当严重。而这些国家都在致力于加速工业化步伐，今后工业需水量仍会继续增长，但许多地区有限的水资源已难以满足人类工业用水无休止增长的需要，并对地区工业发展产生制约作用。使许多将开发的项目得不到实施，许多工厂减产或停产，如中国沧州有丰富的石油、天然气资源，因水资源不足，无法进行开发利用。据初步统计，全国每年因水资源不足而造成工业减产400亿~500亿元。水污染同样影响着工业的发展，供水水质不合格导致工厂不能生产出合格产品，工厂不得不花费巨额投资净化供水水质；污染治理投资巨大，加上治污设施高额运转费支出，企业不堪重负，影响了生产，污染事故频繁发生，影响供水，也影响了工业生产。

4.对城镇供水和居民生活的影响

中国的水短缺和水污染给城市供水和居民生活带来了严重影响，表现为：城镇居民生活用水得不到保证，影响了正常生活。影响供水系统，造成供水障碍，被迫开发新的水源地，或引起水厂停产和取水口搬迁等。由于缺水和水质恶化，我国实施了大量的调水工程，包括引滦入津工程、引黄入津工程以及整体尚未竣工的南水北调工程等。我国的多数城市，包括北京、天津、上海等，都面临着同样的问题，缺水或水质污染使城市供水受到严重影响。

（二）严重危及人类健康

1.水传染疾病

进入水体中种类繁多的污染物绝大部分对人体有急性或慢性、直接或间接的致毒作用，有的还能积累在组织内部，改变细胞的DNA结构，对人体组织产生致癌变、致畸变和突变的作用。水污染物的环境健康危害主要分为生物、化学和物理危害，表现为急性危害（流行性传染病暴发等）、慢性危害（慢性中毒、水俣病、疼痛病）和远期危害（致癌变、致畸和致突变作用）。饮用不洁水不仅可传染疾病，还可引起水性地方病，化学性污染物可引起急性中毒和慢性中毒，还可以致癌变、致畸变、致突变。流行病学研究表明，某些地区含有有害物饮用水所造成的癌症死亡率明显高于对照人群。

水污染严重影响健康，水污染是世界上头号杀手之一，联合国开发计划署统计，目前全世界有18亿人没有合格的卫生用水。在发展中国家，80%～90%的疾病是由于饮用水被污染而引起的。在这些国家和地区，水中的病原体和污染物每年可导致2500万人死亡，占发展中国家死亡人数的1/3。在发展中国家里，有3/5的人口缺乏清洁的饮用水，3/4人口生活在极不卫生的条件中。世界上平均每天有2.5万多人因用被污染的水引起疾病或因缺水而死亡；在很多第三世界国家中，死亡的婴儿有3/5到4/5是由水污染发病而造成的。据联合国环境规划署的一项调查，在发展中国家里，每5种常见病中有4种是由脏水或是没有卫生设备造成的。

“全球疾病负担研究”报告指出：不良的水源、卫生设施和个人及家庭卫生结合在一起形成了疾病的第二大危险因素，占总死亡数的53%和DALY（残疾调整生命年）的6.8%。贫困地区的分担份额大得多，在南撒哈拉地区为10%，在印度为9.5%，在中东为8.8%。中国饮用水水源以地表水和井水为主，饮用人口占82.4%。饮用各类自来水的人数为2.04亿，其中经过完全处理的自来水只占46%，全国80%的人口靠分散方式供水，农村大部分人仍还靠手动或电动水泵水井或直接从未经过水处理的河流、湖泊、池塘或水井取水，目前仍有一半以上的农村人口在喝不符合安全标准的水。

水源污染，公共卫生设施跟不上发展的需求，有大量人口饮用不安全卫生水，从而致病。尤其在农村地区，大多水源受到污染，大肠菌群超标率高达

86%，城镇也有28%，全国有约7亿人饮用大肠菌群超标水。全国有7700万人饮用氟化物超标水，主要分布在华北、西北和东北；有1.6亿人饮用受到有机污染的水；饮用含盐量（Ca、Mg）、硫酸盐和氯化物过高的水的人数分别为1.2亿、5000万和3400万，还有饮用一些受到其他污染物污染的水，总计有7亿人饮用不安全的水，占调查人口的70%。

2.废水灌溉

农业灌溉也会带来一系列的环境问题，一是加剧了水资源危机；二是排放大量农业生产废水，污染物包括有机污染物、农药、氮磷污染物等；三是直接影响人体健康，有30多种疾病与灌溉有关，如血吸虫病、疟疾等。在中国2000多年的古老农业历史中，废水灌溉在中国许多地方是一个常见的做法。但是，过去几十年间，采用人粪尿的那种老习惯已为使用工业废水所补充，从而引起了生物和化学的污染问题。

污水灌溉也引起灌区土壤和地下水的污染，包括某些有机污染物、重金属、致癌物等在内的污染物都在灌溉的过程中进入食物链，从而影响了人体健康。在那些靠废水灌溉的地区，疾病的发病率，尤其是恶性疾病的发病率普通偏高，污水灌溉对人体健康的影响已经引起普通关注。随着水资源危机的加剧，尤其是我国北方地区，污水灌溉问题将更加突出。

（三）威胁自然生态系统

1.栖息地的影响

生物的生存和繁衍离不开水，无论是动物、植物，无论动物是陆生的、水生的，还是两栖的。水资源危机对生态系统的影响，首先表现为对生物栖息地的影响，包括栖息地的丧失、退化和变迁。水资源开发利用，改变了水的使用功能和途径，引起自然生态系统的毁灭；缺水将引起气候变化、土地退化和荒漠化、湿地的丧失和退化；水污染引起水体的物理化学性质变化，这些都影响了生物的生存和繁衍。

2.生物多样性的影响

缺水和水污染破坏了生物的生存和繁衍环境，进而引起生物种群结构、数量的变化，一些环境敏感物种甚至消亡，生物多样性受到威胁。

3.自然景观的影响

水是自然景观的基本要素，在中国山东济南被称为“天下第一泉”的趵突泉，因地下水位持续下降，只有在汛期的特定时间，才能见到三泉齐涌的壮观景象。另外，山西晋祠的泉水、淮南八公山的珍珠泉等也几近枯竭。北京的莲花池、万泉庄等即将徒有虚名。水污染同样使景观价值大为降低，意有“高原明珠”的滇池，因污染而失去了旅游观光价值，杭州西湖、南京玄武湖、太湖等污染问题已经严重影响了旅游业的发展。

4.诱发的自然灾害

水资源危机还可能引起表土干化、植被减少、诱发沙漠化等自然灾害。

二、水资源危机

（一）概述

地球总水量占地球体积的1%，达到13.86亿km^3，地球表面的71%被水覆盖，但可利用的水资源量是有限的，如果可利用的水资源分配合理，且能够得到合理而有效的利用，完全可以满足世界60亿人口的生活和生产需要，不会产生全球性的水资源危机。自然界的水资源处于动态循环过程中，水循环过程中任何一个环节出现障碍，都会导致水资源危机，比如使用过程中带来过量的环境污染物，使水体受到污染，会产生污染型水资源短缺，因此水循环系统障碍是造成全球水资源危机的根源。水循环是一个庞大的天然水资源系统，循环过程在自然界中具有一定的时间和空间分布，而其时空分布受地理条件和气候的作用，有的地区或时间暴雨成灾，而同时有的地区或时间干旱无雨，水资源呈现出强烈的时空分布特征，这是造成局部地区水资源短缺的重要自然因素。从水循环与环境的关系可见环境与水循环有着密切的关系，环境的破坏将影响着水循环的数量、路径和速度，因此生态环境的破坏是造成水资源危机的重要的人为因素。生态环境破坏的根源在于人口剧增、城市化、经济发展、森林生态系统的毁坏、环境污染以及规划管理等。

（二）水资源危机

21世纪，人类将进入信息社会，科技高速发展，人类开发利用和保护水资源的能力将明显提高。但是受水资源自身的有限性与分布不均匀性、全球气候等自然因素，人口增加、城市化、工农业发展、生态系统破坏、环境污染等人为因素的影响，水资源危机还将持续相当长的时间，至少在未来的几十年内，水资源危机还将呈现加重趋势。

2.水资源危机继续加重

自从20世纪70年代联合国水会议向全世界发出了“水不久将成为一个深刻的社会危机”的警告后，几十年来人们一直在关注水资源危机，也在努力消除危机，可结果并不满意，水资源需求和供给矛盾日益加剧，全世界对水的需求将会是21世纪最为紧迫的资源问题。

如果世界年用水量继续按照目前的3%～5%增长，则全世界平均每15年淡水消耗量增长1倍，目前地球上已有60%的陆地面积，遍及63个国家和地区面临缺水问题，将逐渐演化为全球性的水资源危机。据预测，21世纪初面临缺水的国家中，欧洲有15个，亚洲有14个，非洲有20个。目前有些国家人口已超过供水能够承受的能力，若将人均每年拥有水资源1000m^{3}以下的国家作为缺水国家，则世界上有26个国家，3亿多人正生活在缺水状态中。另外，14个中东国家中的9个也面临着缺水情况，使之成为世界上缺水国家最集中的地区。

目前，全世界每15人中就有1人生活在用水紧张或水荒环境中，而到2025年同样的情形将困扰全球的每3个人中的1个。据估计，全世界面临水源紧张的人口有3.35亿，到2025年将上升到28亿至33亿，缺水的人口将增加8倍多。印度预计2050年需水量将达可用水量的92%；阿拉伯22个国家地处沙漠，水资源贫乏情况严重，到2030年缺水将达1000亿m^3；埃及、以色列等国基本上使用了全国可利用水量，水已不折不扣地成为这些国家生存与发展的生命线。

3.水污染问题日益突出

21世纪，科技发展速度与水环境保护投入远远跟不上水污染的发展速度，水污染将继续破坏很大一部分可利用的水资源，极大地加剧各地区现有缺水问题的严重性。21世纪初期，世界人口和经济继续发展，尤其是广大的发展中国家，为了摆脱落后和贫困，继续着工业化国家的发展之路，工业快速发展，农业集约化，城市化进程加快，都预示着水污染排放量的急剧上升。在发展中国家，经济发展始终是第一位的，实现可持续发展的前提是良好的经济基础，如果经济落后，人的基本生活得不到保证，保护自然资源只是空洞的设想，因此发展中国家只有在发展经济过程中逐步改善环境质量。

4.水资源危机呈现强烈的区域特征

21世纪，全球经济发展短期内继续呈现不均衡的局面，贫困人口增加，贫富差距增大，发展中国家继续着资源型经济，因此水资源危机除呈现全球化趋势外，最明显的特征是强烈的地区特征。发展中国家水资源危机远超过发达国家，城市水资源危机超过农村地区。

第二节　水资源管理

水资源是生命之源，是实现经济社会可持续发展的重要保证，现在世界各国在经济社会发展中都面临着水资源短缺、水污染和洪涝灾害等各种水问题，水问题对人类生存发展的威胁越来越大，因此，必须加强对水资源的管理，进行水资源的合理分配和优化调度，提高水资源开发利用水平和保护水资源的能力，保障经济社会的可持续发展。

一、水资源管理的含义

对水资源管理的含义，国内外专家学者有着不同理解和定义，还没有统一的认识，目前关于水资源管理的定义有：

《中国大百科全书·大气科学·海洋科学·水文科学》：水资源管理是水资源开发利用的组织、协调、监督和调度；运用行政、法律、经济、技术和教育等手段，组织各种社会力量开发水利和防治水害；协调社会经济发展与水资源开发利用之间的关系，处理各地区、各部门之间的用水矛盾；监督、限制不合理开发水资源和危害水源的行为；制定供水系统和水库工程的优化调度方案，科学分配水量。

《中国大百科全书·环境科学》：水资源管理是防止水资源危机，保证人类生活和经济发展的需要，运用行政、技术、立法等手段对淡水资源进行管理的措施。水资源管理工作的内容包括调查水量，分析水质，进行合理规划、开发和利用，保护水源，防止水资源衰竭和污染等。同时也涉及与水资源密切相关的工作，如保护森林、草原、水生生物、植树造林、涵养水源、防止水土流失、防止土地盐渍化、沼泽化、砂化等。

董增川：水资源管理是水行政主管部门综合运用法律、行政、经济、技术等手段，对水资源的分配、开发、利用、调度和保护进行管理，以求可持续地满足社会经济发展和生态环境改善对水的需求的各种活动的总称。

王双银等：水资源管理就是为保证特定区域内可以得到一定质和量的水资源，使之能够持久开发和永续利用，以最大限度地促进经济社会的可持续发展和改善环境而进行的各项活动（包括行政、法律、经济、技术等方面）。

冯尚友：水资源管理是为支持实现可持续发展战略目标，在水资源及水环境的开发、治理、保护、利用过程中，所进行的统筹规划、政策指导、组织实施、协调控制、监督检查等一系列规范性活动的总称。统筹规划是合理利用有限水资源的整体布局、全面策划的关键；政策指导是进行水事活动决策的规则与指南；组织实施是通过立法、行政、经济、技术和教育等形式组织社会力量，实施水资源开发利用的一系列活动实践；协调控制是处理好资源、环境与经济、社会发展之间的协同关系和水事活动之间的矛盾关系、控制好社会用水与供水的平衡和减轻水旱灾害损失的各种措施；监督检查则是不断提高水的利用率和执行正确方针政策的必需手段。

孙金华：水资源管理就是协调人水关系，是人类为了满足生命、生活、生产和生态等方面的水资源需求所采取的一系列工程和非工程措施之总和。

于万春等：依据水资源环境承载能力，遵循水资源系统自然循环功能，按照经济社会规律和生态环境规律，运用法规、行政、经济、技术、教育等手段，通过全面系统的规划优化配置水资源，对人们的涉水行为进行调整与控制，保障水资源开发利用与经济社会和谐持续发展。

联合国教科文组织国际水文计划工组将可持续水资源管理定义为：支撑从现在到未来社会及其福利而不破坏他们赖以生存的水文循环及生态系统的稳定性的水的管理与使用。

二、水资源管理的目标

水资源管理的最终目标是使有限的水资源创造最大的社会经济效益和生态环

境效益，实现水资源的可持续利用和促进经济社会的可持续发展。《中国21世纪议程》中对水资源管理的总要求是：水量与水质并重，资源和环境管理一体化。水资源管理的基本目标如下：

（一）形成能够高效利用水的节水型社会

在对水资源的需求有新发展的形势下，必须把水资源作为关系到社会兴衰的重要因素来对待，并根据中国水资源的特点，厉行计划用水和节约用水，大力保护并改善天然水质。

（二）建设稳定、可靠的城乡供水体系

在节水战略指导下，预测社会需水量的增长率将保持或略高于人口的增长率。在人口达到高峰以后，随着科学技术的进步，需水增长率将相对也有所降低，并按照这个趋势制订相应计划以求解决各个时期的水供需平衡，提高枯水期的供水安全度，及对于特殊干旱的相应对策等，并定期修正计划。

（三）建立综合性防洪安全的社会保障制度

由于人口的增长和经济的发展，如再遇洪水，给社会经济造成的损失将将比过去加重很多。在中国的自然条件下江河洪水的威胁将长期存在。因此，要建立综合性防洪安全的社会保障体制，以有效地保护社会安全、经济繁荣和人民生命财产安全，以求在发生特大洪水情况下，不致影响社会经济发展的全局。

（四）加强水环境系统的建设和管理

水是维系经济和生态系统的最大关键性要素，通过建设国家和地方水环境监测网和信息网，掌握水环境质量状况，努力控制水污染发展的趋势，加强水资源保护，实行水量与水质并重、资源与环境一体化管理，以应对缺水与水污染的挑战。

三、水资源管理的原则

水资源管理要遵循以下原则：

（一）维护生态环境，实施可持续发展战略

生态环境是人类生存、生产与生活的基本条件，而水是生态环境中不可缺少

的组成要素之一，在对水资源进行开发利用与管理保护时，只有把维护生态环境的良性循环放到突出位置，才可能为实施水资源可持续利用，保障人类和经济社会的可持续发展战略奠定坚实的基础。

（二）地表水与地下水、水量与水质实行统一规划调度

地球上的水资源分为地表水资源与地下水资源，而且地表水资源与地下水资源之间存在一定关系，联合调度，统一配置和管理地表水资源和地下水资源，可以提高水资源的利用效率。水资源的水量与水质既是一组不同的概念，又是一组相辅相成的概念，水质的好坏会影响水资源量的多少，人们谈及水资源量的多少，往往是指能够满足不同用水要求的水资源量，水污染的发生会减少水资源的可利用量；水资源的水量多少会影响水资源的水质。将同样量的污染物排入不同水量的水体，由于水体的自净作用，水体的水质会产生不同程度的变化。在制定水资源开发利用规划时，水资源的水量与水质也需统一考虑。

1.加强水资源统一管理

水资源的统一管理包括：水资源应当按流域与区域相结合，实行统一规划、统一调度，建立权威、高效、协调的水资源管理体制；调蓄径流和分配水量，应当兼顾上下游和左右岸用水、航运、竹木流放、渔业和保护生态环境的需要；统一发放取水许可证与统一征收水资源费，取水许可证和水资源费体现了国家对水资源的权属管理，水资源配置规划和水资源有偿使用制度的管理；实施水务纵向一体化管理是水资源管理的改革方向，建立城乡水源统筹规划调配，从供水、用水、排水，到节约用水、污水处理及再利用、水源保护的全过程管理体制，以把水源开发、利用、治理、配置、节约、保护有机地结合起来，实现水资源管理在空间与时间的统一、水质与水量的统一、开发与治理的统一、节约与保护的统一，达到开发利用和管理保护水资源的最佳经济、社会、环境效益的结合。

2.保障人民生活和生态环境基本用水，统筹兼顾其他用水

水资源的用途主要有农业用水、工业用水、生活用水、生态环境用水、发电用水、航运用水、旅游用水、养殖用水等。《中华人民共和国水法》规定，开发、利用水资源，应当首先满足城乡居民生活用水，并兼顾农业、工业、生态环境用水以及航运等需要。在干旱和半干旱地区开发、利用水资源，应当充分考虑

生态环境用水需要。

3.坚持开源节流并重，节流优先治污为本的原则

我国水资源总量虽然相对丰富，但人均拥有量少，而在水资源的开发利用过程中，又面临着水污染和水资源浪费等水问题，严重影响水资源的可持续利用，因此，在进行水资源管理时，只有坚持开源节流并重，以及节流优先治污为本的原则，才能实现水资源的可持续利用。

4.坚持按市场经济规律办事，发挥市场机制对促进水资源管理的重要作用

水资源管理中的水资源费和水费经济制度，以及谁耗费水量谁补偿、谁污染水质谁补偿、谁破坏生态环境谁补偿的补偿机制，确立全成本水价体系的定价机制和运行机制，水资源使用权和排水权的市场交易运作机制和规则等，都应在政府宏观监督管理下，运用市场机制和社会机制的规则，管理水资源，发挥市场调节在配置水资源和促进合理用水、节约用水中的作用。

5.坚持依法治水的原则

在进行水资源管理时，必须严格遵守相关的法律法规和规章制度，如《中华人民共和国水法》《中华人民共和国水污染防治法》《中华人民共和国水土保持法》和《中华人民共和国环境法》等。

6.坚持水资源属于国家所有的原则

《中华人民共和国水法》规定水资源属于国家所有，水资源的所有权由国务院代表国家行使，这从根本上确立了我国的水资源所有权原则。坚持水资源属于国家所有，是进行水资源管理的基本点。

7.坚持公众参与和民主决策的原则

水资源的所有权属于国家，任何单位和个人引水、截（蓄）水、排水，不得损害公共利益和他人的合法权益，这使得水资源具有公共性的特点，成为社会的共同财富，任何单位和个人都有享受水资源的权利，因此，公众参与和民主决策是实施水资源管理工作时需要坚持的一个原则。

四、水资源管理的内容

水资源管理是一项复杂的水事行为，涉及的内容很多，综合国内外学者的研究，水资源管理主要包括水资源水量与质量管理、水资源法律管理、水资源水权管理、水资源行政管理、水资源规划管理、水资源合理配置管理、水资源经济管

理、水资源投资管理、水资源统一管理、 水资源管理的信息化、水灾害防治管理、水资源宣传教育、水资源安全管理等。

（一）水资源水量与质量管理

水资源水量与质量管理是水资源管理的基本组成内容之一，水资源水量与质量管理包括水资源水量管理、水资源质量管理，以及水资源水量与水资源质量的综合管理。

（二）水资源法律管理

法律是国家制定或认可的，由国家强制力保证实施的行为规范，以规定当事人权利和义务为内容的具有普遍约束力的社会规范。法律是国家和人民利益的体现和保障。水资源法律管理是通过法律手段强制性管理水资源的行为。水资源的法律管理是实现水资源价值和可持续利用的有效手段。

（三）水资源水权管理

水资源水权是指水的所有权、开发权、使用权以及与水开发利用有关的各种用水权利的总称。水资源水权是调节个人之间、地区与部门之间以及个人、集体与国家之间使用水资源及相邻资源的一种权益界定的规则。《中华人民共和国水法》规定水资源属于国家所有，水资源的所有权由国务院代表国家行使。

（四）水资源行政管理

水资源行政管理是指与水资源相关的各类行政管理部门及其派出机构，在宪法和其他相关法律、法规的规定范围内，对于与水资源有关的各种社会公共事务进行的管理活动，不包括水资源行政组织对内部事务的管理。

（五）水资源规划管理

开发、利用、节约、保护水资源和防治水害，应当按照流域、区域统一制定规划。规划分为流域规划和区域规划，流域规划包括流域综合规划和流域专业规划，区域规划包括区域综合规划和区域专业规划。综合规划是指根据经济社会发展需要和水资源开发利用现状编制的开发、利用、节约、保护水资源和防治水害的总体部署。专业规划是指防洪、治涝、灌溉、航运、供水、水力发电、竹木流放、渔业、水资源保护、水土保持、防沙治沙、节约用水等规划。

（六）水资源合理配置管理

水资源合理配置方式是水资源持续利用的具体体现。水资源配置如何，关系到水资源开发利用的效益、公平原则和资源、环境可持续利用能力的强弱。《中华人民共和国水法》规定全国水资源的宏观调配由国务院发展计划主管部门和国务院水行政主管部门负责。

（七）水资源经济管理

水资源是有价值的，水资源经济管理是通过经济手段对水资源利用进行调节和干预。水资源经济管理是水资源管理的重要组成部分，有助于提高社会和民众的节水意识和环境意识，对于遏止水环境恶化和缓解水资源危机具有重要作用，是实现水资源可持续利用的重要经济手段。

（八）水资源投资管理

为维护水资源的可持续利用，必须要保证水资源的投资。此外，在水资源投资面临短缺时，如何提高水资源的投资效益也是非常重要的。

（九）水资源统一管理

对水资源进行统一管理，实现水资源管理在空间与时间的统一、质与量的统一、开发与治理的统一、节约与保护的统一，为实施水资源的可持续利用提供基本支撑条件。

（十）水资源管理的信息化

水资源管理是一项复杂的水事行为，需要收集和处理大量的信息，在复杂的信息中又需要及时得到处理结果，提出合理的管理方案，使用传统的方法很难达到这一要求。基于现代信息技术，建立水资源管理信息系统，能显著提高水资源的管理水平。

（十一）水灾害防治管理

水灾害是影响我国最广泛的自然灾害，也是我国经济建设、社会稳定敏感度最大的自然灾害。危害最大、范围最广、持续时间较长的水灾害有干旱、洪水、涝渍、风暴潮、灾害性海浪、泥石流、水生态环境灾害。

（十二）水资源宣传教育

通过书籍、报纸、电视、讲座等多种形式与途径，向公众宣传有关水资源信息和业务准则，提高公众对水资源的认识。同时，搭建不同形式的公众参与平台，提高公众对水资源管理的参与意识，为实施水资源的可持续利用奠定广泛与坚实的群众基础。

（十三）水资源安全管理

水资源安全是水资源管理的最终目标。水资源是人类赖以生存和发展不可缺少的一种宝贵资源，也是自然环境的重要组成部分，因此，水资源安全是人类生存与社会可持续发展的基础条件。

第三节　水污染的防治

一、水污染防治技术的发展

水污染防治技术的发展过程是在人们对水污染危害的认识的基础上逐渐发展起来的。它经历了从最初的如何将废弃不用的水排出，到怎样才不至于使排出的水影响水质；从随着工业发展逐渐发展起来的污水防治技术，到今天我们站在可持续发展的高度而采取的一系列保护水资源的战略、措施等发展过程。

首先是排水问题。人们不断集聚生活，人口越来越多，用水量越来越大，那么很自然面临如何排水的问题。人们在何时开始排水工程建设很难考证。考古发现，公元前2300年，中国先民就曾用陶土管敷设下水道。公元98年以前，在罗马曾建设巨大的城市排水渠和废水管道。但当时该排水工程的主要目的是排除城区的暴雨和冲洗街道的水，只有王宫和个别的私人生活污水与这些渠道连通。排水工程与技术虽然开始得很早，但是其发展速度却十分缓慢，直至19世纪中叶均无显著的进展。早期的排水系统就是增加集流系统，通过已有的雨水管道排放城区的生活污水和粪便。这就形成了许多老城市的合流制排水系统。

最初，人们是将城市污水不作任何处理就近排入河道，利用天然水体的自然净化能力消纳、净化污水。当排入的污水量较少时，河流有足够的自净能力，经过一段时间后，进入河水中的污染物会被消减掉，河水重新返清，但当污水量日益增加，污染物的量超过纳污河道的自净能力，河水就会变得黑臭，长时间不能返清，最终成为一条城市的污水沟。随着城市规模的扩大和排污水量的增加，更多更长的污水沟形成，甚至成为纵横城市内外的污水沟网，它们将城市污水汇集到附近较大的河流，逐渐又使这些水体水质变差，甚至变黑变臭。如英国泰晤士河，曾一度造成严重污染，相当长一段时间内鱼群消失。

中国的许多城市目前仍在发生着类似的事情，许多城市区域内的河渠变成污水沟。许多城市附近的河流逐渐黑臭，有的终年黑臭，如中国上海的黄浦江，在20世纪60年代逐渐被污染，80 年代每年黑臭期长达150天，而其支流苏州河终年黑臭。流经各城市的河流象征城市的血脉，担当排污水的河沟就像城市的静脉。大量未经处理的污水排放使城市的静脉变得黑臭，随后便影响到作为城市给水水源的清洁河流——城市的大动脉。城市污水对人类的健康甚至生命造成了严重的威胁。这使人们对污水和废水在排入天然水体前的处理净化提出了要求，人们开始关注污水处理与净化技术的研究。

早期的水污染主要是由水冲厕所产生的粪便污水引起，因此，污水处理技术的研究也从处理或处置厕所污水开始。人们最早使用的方法是渗坑，也就是在地上挖一个土坑，让污水渗入地下，这种方法在多孔性土壤上的效果很令人满意，但在细颗粒土壤便因坑壁堵塞问题而不适用。在这种条件下，人们又发明了化粪池。水在化粪池中沉淀，固体在池底消化，顶部溢流水排至专门的场地，在那里再让污水渗入地下。目前，在某些乡村，在无下水道的城区，有的还在使用渗坑或化粪池。由于在化粪池中沉淀与消化在同一个池子里进行，池中气泡上升不利于沉淀，使出水水质不理想。为解决这一问题，人们又研究出了隐化池，即将沉淀与消化过程分开的构筑物，后来由此发展出了污水的沉淀和污泥处置的构筑物和技术。污水的沉淀技术称为初级处理或称一级处理技术，可以说是污水处理技术的第一台阶。

一级水处理技术效率低，经一级处理后排水，仍会对水体产生很大污染，仍不能解决日益加重的水污染问题，这促使人们寻求更进一步的污水处理技术，污水二级处理技术的研究就是在这样的社会和技术背景下开始的。

二级污水处理技术研究的突破发生于19世纪90年代。当时，有人注意到污水在砾石表面缓慢流动，当石子表面长有一层膜，而且与空气接触时，会导致污水强度，即水污染物浓度迅速降低。于是人们就用填满石子的池子过滤污水，并将这种池子称为滴滤池，将这种工艺称为滴滤，现在一般将这种水处理装置称为生物滤池。处理城市污水的第一座生物滤池建于19世纪10年代。同期，人们在实验室中注意到，污水中发育出来的污泥团对水中有机质有着强亲和性。它们可显著地提高BOD5的去除率。人们后来将这种污泥称为活性污泥，并发明了活性污泥法污水处理技术。活性污泥法可以说是水污染控制技术的一项重大发现。该技术的出现为城市污水的处理和净化找到了一种既经济又高效的方法，开辟了人类污水处理与净化技术发展的一个新纪元。

活性污泥法诞生后，其基础和应用研究受到广泛重视，研究成果不断出现。活性污泥法的基本工艺不断改进，新工艺流程和单元设备不断推出，系统运行的控制与管理不断趋于自动化。19 世纪30年代出现阶段曝气法，1939年在美国纽约开始实际应用；40年代提出修正曝气法；50 年代发明了吸附再生法和氧化沟法；60 年代研制出高效机械曝气机；70 年代产生了纯氧曝气法、深井曝气法、流动床法，并制造出商品化的纯氧曝气系统； 80年代应防治水体富营养化的需要，人们又推出了可以有效脱氮脱磷的污水浓度处理工艺“厌氧–好氧”活性污泥法；2020年，活性污泥水处理技术已经发展得很成熟，在很多地方仍以活性污泥法水处理技术为主。

活性污泥法水处理技术是一种高效经济的水处理技术。在污水生化处理技术中其效率最高，BOD5一般在10 ~ 20mg/L，最佳的在5 ~ 7mg/L。由于活性污泥法能够有效地净化污水，确保良好的处理水质，因此成为世界上一种普遍采用的水污染控制技术。许多应用大型活性污泥法的城市污水处理厂、工业区污水处理厂在世界各地建成，污水厂的规模从每天可处理几百吨到几百万吨不等。活性污泥法可以说是二级污水处理的主要技术，是当今水污染控制技术的一根支柱，它在未来水资源再生利用中也将起到重要作用。

二级污水处理技术除了活性污泥法之外，还有厌氧生化处理技术，生物膜法水处理技术，如生物转盘，生物接触氧化池及前面提到的生物滤池等，它们在许多中小型工业企业水处理和城市污水处理中得到应用，发挥各自的作用。

目前，活性污泥法水处理技术正在向高新技术发展。人们正致力于不过多消耗能源、资源，不过分受水质水量变化和毒物影响，剩余污泥量少，能有效去除水中有机物和富营养化物质氮和磷，以及能去除更难分解的合成有机物，更加理想的活性污泥法技术。除了上面提到的厌氧–好氧式工艺外，正在研究开发的新型活性污泥法工艺还有间歇式工艺、高污泥浓度工艺、投加絮凝剂工艺、新型氧化沟工艺、微生物的固定化技术及与膜技术相结合的膜生物反应器工艺等。

二、水污染处理的基本途径和技术方法

废水也是一种水资源。废水中含有多种有用的物质，如果不经过处理就排放出去，不仅是水资源和其他资源的浪费，而且会污染环境。因此必须重视废水的处理和重复利用，以及废水中污染物质的回收利用。

（一）污水处理的基本途径

控制污染物排放量及减少污染源排放的工业废水量是控制水体污染最关键的问题。根据国内外的经验，主要有以下几个方面的措施：第一，改革生产工艺，推行清洁生产，尽量不用水或少用易产生污染的原料及生产工艺。如采用无水印染工艺代替有水印染工艺，可减少印染废水的排放。第二，重复用水及循环用水，使废水排放量减至最少。重复用水，根据不同生产工艺对水质的不同要求，将甲工段排出的废水送往乙工段，将乙工段的废水排入丙工段，实现一水多用。第三，回收有用物质，尽量使流失在废水中的原料或成品与水分离，既可减少生产成本、增加经济收益，又可降低废水中污染物质的浓度，或减轻污水处理的负担。第四，合理利用水体的自净能力。在考虑控制水体污染的时候，必须同时考虑水体的自净能力，争取以较少的投资获得较好的水环境质量。以河流为例，河流的自净作用是指排入河流的污染物质浓度，在河水向下游流动中自然降低的现象。这种现象是由于污染物质进入河流后发生的一系列物理、化学、生物净化而形成的。利用水体的自净能力一定要经过科学的评价、合理的规划和严格的管理。

（二）污水处理技术方法

污水的处理技术方法有以下三类：

1.物理处理法

物理处理法是借助于物理的作用从废水中截留和分离悬浮物的方法。根据物质作用的不同，又可分为重力分离法、离心分离法和筛滤截留法等。属于重力分

离法的处理单元有：沉淀、上浮（气浮、浮选）等，相应使用的处理设备是沉砂池、沉淀池、除油池、气浮池及其附属装置等。离心分离法本身就是一种处理单元，使用的处理装置有离心分离机和水旋分离器等。筛滤截留法有栅筛截留和过滤两种处理单元，前者使用的处理设备是格栅、筛网，后者使用的是砂滤池和微孔滤机等。

2.化学处理法

化学处理法是通过化学反应和传质作用来去除废水中呈溶解、胶体状态的污染物质或将其转化为无害物质的废水处理法。在化学处理法中，以投加药剂产生化学反应为基础的处理单元是混凝、中和、氧化还原等：而以传质作用为基础的处理单元则有萃取、汽提、吹脱、吸附、离子交换以及电渗析和反渗透等。

3.生物处理法

生物处理法是通过微生物的代谢作用，使废水中呈溶解、胶体以及微细悬浮状态的有机性污染物质，转化为稳定、无害的物质的废水处理法。根据微生物的作用的不同，生物处理法又可分为好氧生物处理法和厌氧生物处理法两种类型。

三、城市水污染控制技术与方法

城市水污染控制是水污染防治的一个重要内容。为谋求总体环境质量的改善而强化废水集中控制措施，是治理污染的必由之路，在城市水污染控制中，采取集中控制与分散治理相结合的方针，并逐步把集中控制和治理作为主要手段，是实施保护环境、控制污染的最佳途径之一。城市水污染集中控制工程措施包括分散的点源治理措施，即集中控制措施要在一定的分散的基础上进行，将那些不适宜集中控制的特殊污染废水处理好，污染集中控制措施才能达到事半功倍的效果。简而言之，工业废水的处理是进行城市污水集中处理的先决条件。所以，城市污染集中控制应采取源内预处理、行业集中处理、企业联合处理、城市污水处理厂、土地处理系统、氧化塘、污水排江排海工程等多种工程措施。

（一）源内预处理

保证污水集中控制工程的正常运转，必须对重金属废水、含难生物降解的有毒有机废水、放射性废水、强酸性废水、含有粗大漂浮物和悬浮物废水等进行源内重点处理，经源内预处理后，按允许排放标准排入城市排水管网或进入集中处理工程。

在城市废水中，电镀、冶金、染料、玻璃、陶瓷等行业的废水含有一定量的重金属，这些污染物在环境中易积累，不能生物降解，对环境污染较为严重；化工、农药、肥料、制药、造纸、印染、制革等行业则排放有机污染废水，其废水中含有一定量的难生物降解的有毒有机物及金属污染物，它们对污水土地处理等集中控制工程的运转产生不利影响，易在生物、土壤、农作物中蓄积，对环境污染较严重。

因此，对上述主要行业的废水应在源内进行预处理，再进入城市污水处理工程。另外，强酸性废水易腐蚀排水管道，而含粗大漂浮物和悬浮物废水可造成排水管网堵塞，所以这两种废水必须在源内进行处理，然后再排入排水管网或集中处理工程。

（二）主要行业废水的集中控制

行业的废水性质相似，便于集中控制。电镀废水是污染环境的主要污染源之一。中国电镀行业的工厂（点）比较分散，电镀厂（车间）多，布局不尽合理，因此对于电镀废水可采用压缩厂点、合并厂点、集中治理的办法。对于小型电镀厂，可合并，使生产集中，废水排放集中，然后利用效率较高的处理设施，实行一定规模的集中处理，这样既可提高产品质量，又可减少分散治理的非点源污染，有较高的环境、经济效益。在一定区域范围内，根据污水的排量和组分，建设具有一定规模、类型不同的电镀污水处理厂，其可以是专业的也可以是综合的，以充分发挥处理厂的综合功能和提高效率。

纺织印染废水由于加工纤维原料、产品品种、加工工艺和加工方式不同，废水的性质与组成变化很大。其废水的特征是碱度高、颜色深，含有大量的有机物与悬浮物及有毒物质，其对环境危害极大。对小型纺织印染工厂进行合并等，实行集中控制，根据纺织印染废水水质的特点，进行合并处理，可取得较好效果。如天津市绢麻纺织厂等5家同行业的小厂，共投资112万元，建成日处理水量为6000吨的污水处理站，对5家企业排放的废水实行集中处理；丹东市印染污水联合处理厂，对棉、丝绸、针织、印染等6个厂家排放的印染废水集中处理，都取得了较好的效果。

造纸行业主要污染物是COD、SS等，是中国污染最严重的行业之一，不仅污水量大、污染物浓度高，而且覆盖面广。目前在中国分散的造纸厂严重污染环境。国外生产实践表明，集中制浆、分散造纸是控制造纸行业水污染较成熟的方法。中小型造纸厂因为建碱回收系统投资巨大，经济效益较差，所以在国外都采用大规模集中制浆，造纸厂集中控制的第一步是碱回收系统，可减少环境污染，又在经济效益上取得一定成效。

废乳化液是机械行业废水中较突出的污染，虽然废乳化液问题不多，但是就全国目前来看，排放点多且面广，如果每个污染源都建处理设施则经济上不合算，技术上也得不到保证。采取集中控制措施对乳化液进行集中治理，把各企业的环保补助资金集中起来，是最佳处理措施，乳化液废水处理方法主要有电解法、磁分离法、超滤法、盐析法等。

（三）废水的联合或分区集中处理

对于布局相邻或较近的企业，在其废水性质相接近的条件下，可采用联合集中处理方法。即将各企业污染较大的水集中到一起进行处理，另外也可以在一个汇水区或工业小区内，将全部企业所排放的污染较大的废水集中在一起处理。除了企业间的废水联合或分区集中处理外，也可采取企业间废水的串用或套用，将一个企业排放的废水作为另一个企业的生产用水，这样既减少污水处理费用，又增加了水资源，缓解水资源紧张的矛盾。

（四）城市污水处理厂

城市污水处理厂是集中处理城市污水、保护环境的最主要措施和必然途径，城市污水的处理按处理程度可分为：一级处理、二级处理、三级处理。

污水一级处理是城市污水处理的三个级别中的第一级，属于初级处理，也称预处理。主要采取过滤、沉淀等机械方法或简单化学方法对废水进行处理，以去除废水中悬浮或胶态物质，以及中和酸碱度，以减轻废水的腐化程度和后续处理的污染负荷。污水经过一级处理后，通常达不到有关排放标准或环境质量标准。所以一般都把一级处理作为预处理。城市污水经过一级处理后，一般可去除BOD和SS25%～40%，但一般不能去除污水中呈溶解状态和呈胶体状态的有机物和氰化物、硫化物等有毒物。常用的一级处理方法有：筛选法、沉淀法、上浮法、预曝气体法。

污水二级处理主要指生物处理。污水经过一级处理后进行二级处理，用于去除溶解性有机物，一般可以除去90%左右的可被生物分解的有机物，除去90%～95%的固体悬浮物。污水二级处理的工艺按BOD去除率可分为两类：一类为完全的二级处理，这一工艺可去除BOD85%～90%，主要采用活性污泥法；另一类为不完全的二级处理，主要采用高负荷生物滤池等设施，其BOD去除率在75%左右。污水经过二级处理后，大部分可以达到排放标准，但很难去除污水中的重金属毒性和微生物难以降解的有机物。同时在处理过程中，常使处理水出现磷、氮富营养化现象，甚至有时还会含有病原体生物等。

三级处理，也称深度处理，是目前污水处理的最高级，主要是将二级处理后的污水，进一步用物理化学方法处理，主要除去可溶性无机物，以及用生物方法难以降解的有机物、矿物质、病原体、氮磷和其他杂质。通过三级处理后的废水可达到工业用水或接近生活用水的水质标准。污水三级处理包括多个处理单元，即除磷、除氮、除有机物、除无机物、除病原体等。三级处理基建费和运行费都很高，是相同规模二级处理厂的2～3倍。因此，三级处理受到经济承受能力的限制。是否进行污水三级处理，采取什么样的处理工艺流程，主要考虑经济条件、处理后污水的具体用途或去向。为了保护下游饮用水源或浴场不受污染，应采取除磷、防毒物、除病原体等处理单元过程，如只为防止受纳污水的水体富营养化，只要采用除磷和氯处理工艺就可以了。如果将处理后的废水直接作为城市饮用以外的生活用水，例如洗衣、清扫、冲洗厕所、喷洒街道和绿化等用水，则要求更多的处理单元过程。污水三级处理厂与相应的输配水管道组合起来，便成为城市的中水道系统。

城市污水处理厂处理深度取决于处理后污水的去向、污水利用情况、经济承受能力和地方水资源条件。如果废水只用于农灌，可只进行一级或二级处理，如果废水排入地面水体，则应依据地域水功能和水质保护目标，规划处理深度；对于水资源短缺，且有经济承受能力的城市可考虑三级处理。城市污水处理厂规模的大小，可视资金条件、地理条件以及城市大小而决定，一般日处理量几万吨到几十万吨，大到几百万吨以上。小污水处理厂的污水处理能力，已远远不适应城市发展和保护环境的需要，与经济建设很不协调，这也是造成中国水环境污染的主要原因。因此控制城市水环境污染，建设城市污水处理系统，对于中国而言势在必行。

第四章　全球水环境的治理机制

第一节　水问题与全球水治理的提出

一、水问题界定及其成因

（一）水问题的界定

水与人类社会联系紧密，传统意义上的水问题经常被看作是某个地区或区域间问题。随着全球化的演进，气候变暖、环境破坏、水质污染以及水权的纠纷在发展不平衡的背景下愈演愈烈，水问题也逐渐从单一的资源问题延伸至政治、经济、社会方面，成为国际政治中的关键议题，甚至会引发一系列水危机，这些水危机是水问题的集中表现。国内学者郑通汉认为："广义的水危机是由于自然气候突变与不当的人类活动而引发的洪涝灾害、水质污染；狭义的水危机是指人类过度开发利用，使得水供给达不到水需求力度，从而带来的严重缺水、生态系统崩溃。"

综合而言，水问题是指由水引发的对人类社会发展产生负面效应的问题总称，包括在水的开发治理中出现的其他关联问题。部分国家将水问题大致等同于水资源问题，也有国家将其称之为水利问题。水问题内容广泛，主要集中在缺水、水污染、洪涝灾害等方面。

（二）水问题主要内容

1.缺水

缺水是水危机的重要表征，也是水问题最突出的表现。根据瑞典水文学家马林·福肯马克提出的“水稀缺指数”理论，人均用水量可以分成四个层级，区间在500～1700立方米。当小于500立方米时，为严重供水短缺，会引发水危机；不足1000立方米则是长期供水短缺，呈现水缺乏状态；1000～1700立方米，出现水紧张状况。地球现在正处于严重缺水状态，不能直接饮用也无法灌溉农田的海水占据了97.2%，其余的淡水中有大量的冰雪，真正能发挥作用的1%的江河湖泊和地下水又受到了严重的污染。联合国水机制发布的数据显示，到2025年，将会有18亿人生活在有限的水资源状况中，并且有2/3的人口会处于水紧张之中，严重缺水的国家有80个，占据世界人口的40%。从全球状况来看，许多国家和地区都在遭遇缺水危机。例如，阿拉伯世界构成的中东地区，丰富的石油似乎掩盖了其干旱的事实，以至于国际社会广泛关注中东石油危机而忽视了水危机。另外一份调查显示，澳大利亚墨尔本由于人口上升和气候变化，水资源在十年后将会出现枯竭危机，而其需水量到2028年可能会超越供给量。意大利罗马同样陷入水资源危机，由于干旱，布拉恰诺湖水位已下降逾1米，甚至会出现完全干旱的可能。日益严重的干旱和荒漠化也在加重水资源缺乏的趋势，到2050年，预计至少1/4的世界人口将受到长期缺水的影响。

2.水污染

水作为一种自然资源，以多种形式存在，如江河湖泊、降雨、地表水等，这些不同形态是在水循环的过程中逐渐形成的，而水循环中任何环节都会影响到水质，从而引发水污染。与大多数环境污染一样，水污染在工业城市化发展下慢慢累积起来，并成为这个时代主要的环境问题之一。但是现如今，生活垃圾、环境破坏等都是影响它的源头，并且越来越成为关键性因素。水资源被污染过后，便失去了许多价值，不能够用于农业灌溉、安全饮用、家庭洗浴中，同时对水质要求高的工业制造也会受到影响。从某种程度来说，这会损失一部分水资源，使得缺水更为严重。世界上许多国家的水污染都正在成为该国环境治理、水治理的重点工作。以我国为例，太湖蓝藻现象造成了极严重的水污染，也影响了居民的生活，成为严重的水问题，对这一问题的解决仍在进行之中。

3.洪涝灾害

洪涝灾害是水问题的又一主要内容，与缺水和水污染不同，它受到气候的影响很深，是一种自然灾害，因而几乎不可能靠技术去控制。从缺水严重的撒哈拉以南的非洲来看，这个地区虽然降水量充足，但是季节性很强，这样引发洪涝灾害的可能性便会很大。水灾和雨灾从不同程度影响着一个地区的稳定，会冲垮房屋导致民众流离失所，这样给本来就贫穷的地区带来更大的生存压力。在部分国家，洪涝灾害是比缺水和水污染更为严重的水问题。

（三）水问题成因

1.人口增长与城镇化

据联合国统计，2018年世界人口为73亿，到2030年将会达到85亿，并在2050年升至97亿。人口第一大洲为亚洲，而人口增长速度最快的地区为非洲，人口增长率为2. 25%。非洲尤其是撒哈拉以南的非洲地区是全球缺水最严重的地方，美国家庭平均每天在家里使用100到175加仑的水，而非洲家庭平均每天只使用5加仑的水。庞大的人口增长与水资源的缺乏导致水资源供需极不平衡，加之城镇化的加快，贫民区规模扩张较大，农业用水从乡村转移到城镇这一现象在美国、中国等缺水地区已经开始出现。据估计，全球每天有1400名5岁以下儿童因缺乏安全饮用水及充足环境设施等而感染导致腹泻死亡，尤其是生活在偏远农村地区的人们，极有可能患上水传播疾病。这一形势在非洲地区更是严峻，联合国制订出的许多供水计划也都在人口增长与城镇化趋势带动下被抵消。

2.经济发展与消费结构：农业、工业用水

农业与工业用水目前在生活中占据很大比重，然而正是由于农业用水占比大且灌溉方式不当、工业用水排放不当等引发的后续问题，使得水资源缺失、污染严重。以中东这个地区为例，中东处于干旱与半干旱地区，常年存在的水危机一直是国际社会较为关注的话题。从大多数中东国家来看，农业用水占据一半以上的百分比，工业生产占据水资源消费量的五分之一，工业用水中，一部分水被直接消耗，另一部分则间接发生改变（被加热或被污染）后再次进入水循环，由此带来的废水中极有可能含有有毒物质。工业用水会通过直接排污和间接排放流入河流等带来二次污染，在对全球水资源进行统计时，工业污染造成的水资源减少却常常由于技术不当而被忽略。事实上，这类水污染事件已经严重影响到居民生活，屡见不鲜的水污染情况也通过新闻、媒体被报道。虽然总体来看农业用水占比大，但工业用水正渐渐占据主要地位，由污染导致的水资源损失也逐渐增大。

3.气候变化

气候问题在全球治理中备受关注，气温升高、全球气候变暖虽然仍受到许多人的质疑，但其已被大多数人承认。水资源的消耗会影响大气层的吸热能力，进一步引发气温和海平面双重升高，从而影响降雨量。种种研究都表明，气候问题从水资源的供给和需求上对水量和水质产生严重影响。一方面，在水的供应量上，水循环有时会随气候变化而增大降水强度，使得高峰期的降水径流增加，回灌的地下水减少，季节性流量也可能受到来自诸多方面的影响，如冰川的退缩、永冻层的融化和降水从雪到雨的变化。另一方面，从水的需求量来看，气温升高会导致蒸发加剧，这样一来水资源的需求便更为急迫。极端天气引发的干旱、洪涝灾害、水质污染则成为水问题的集中表现。气候变化影响水生态系统和物理系统，结果都会进一步影响人类生存。

二、全球水治理的提出与框架的构成

（一）联合国提出水治理议题

对于水治理，其概念来自于2008年帕尔等人的定义："为加快全球水管理领域的变化，而开发和实施的标准、原则、规范、激励措施、情报工具和基础设施等。"而在这之前，联合国已经召开过很多次会议，将水治理引向全球层面。

1968年，在联合国经社理事会倡议下，联合国决定召开一次人类环境国际会议。1972年联合国人类环境会议在斯德哥尔摩召开，这次会议奠定了未来环境治理的基调，会议中提出的许多关于环境问题的解决方案最终达成了共同信念，对于地球上的自然资源（其中包括空气、水、土地、植物和动物，特别是自然生态类中具有代表性的标本）必须通过周密计划或适当管理加以保护。斯德哥尔摩会议制订了行动计划，在自然资源管理部分的第51～55条倡议是全球水政策的最初萌芽。倡议中建议联合国秘书长采取措施，保证联合国相关机构在各国政府进行水力资源方面行动时，提供技术和财务等方面的帮助。除此以外，在其他诸多建议中，都有提及不能单单以国家政府行为体为主导，而要在必要时建立国际专家小组，寻求国际机构的建议或协助（建议二），建议卫生组织通过社区供水计划，帮助各国政府改善下水道设施（建议九）。这些有关全球水政策的初步倡议均受到一致表决而通过。斯德哥尔摩会议的其中一个重要成果是成立联合国环境规划署，环境规划署的成立具有跨时代的意义，全球治理通过联合国环境规划署进行多项活动。紧接着供水和饮用水议题方面的国际会议相继有序地展开，年后，联合国水资源大会在马德普拉塔举行，此次大会几乎未提及超国家层面对全球水治理的作用，这表明国际组织在全球水治理中的地位还未引起效应。另一方面，会议引出的1981—1990年“国际饮水供应和卫生十年”却是一个重要成果，一直延续至今，加强了联合国机构在水资源事务上的合作，将卫生组织、卫生安全用水的重要性摆到了突出位置，在适宜而可负担的技术、社区参加与协作、妇女参与、卫生教育、国际协调机制等战略上提出了新目标并进行改善。这次联合国水会议推动了水问题成为全球的重要议题，但是水仍未与环境问题形成紧密联系。1988年世界环境与发展委员会在发布的报告中指出：“水正在取代石油成为在全世界引起危机的主要问题。”由此，水危机逐渐被更广泛的人群所认知。

此后，1992年在都柏林召开的国际水资源会议是一个重要转折，会议提出成立水资源委员会，对全球水政治进行机构性调整。世界气象组织较好地组织了这场多行为体互动的会议，出席会议的与会者中大多来自政府派遣的专家及80余家国际组织、政府和非政府组织的代表。该会议是一次超国家性质的会议，对水作为商品经济还是公共物品至今仍有争议，但是其治理政策的全球研讨着实是一个重要的突破。值得注意的是，1977年的马德普拉塔环境大会并没有提出“水稀缺”的概念，而在都柏林会议上将此提出。紧接着同年于里约热内卢开展的联合国环境与发展大会集合了政府组织、非政府组织共商环境发展与经济可持续问题，其中水治理在《21世纪议程》的第十八章中被重点提出，淡水作为一种有限资源的宝贵作用，要加以保护和管理，主要呼吁关注饮用水问题、提升民众对保护重要资源的认知。

随后，联合国继续在水治理中充当提出者的角色，在饮用水、卫生组织、下水道管理、国际机制等相关水问题的改进过程中，不断补充新议程，解决新问题，以此推动全球水治理的可持续发展。同时，联合国相关部门在国际水治理运动方面积极与政府、非政府组织、跨国公司合作。联合国并非独当一面，许多新型机构发展运作，更加专注于水治理，其中较为著名的世界水资源委员会主要目的在于确认当地、区域及全球严重的水资源问题，并唤起各级决策阶层对此问题的重视，在可持续的水资源管理理念下寻求共同的策略愿景。为达此目的，世界水资源委员会每三年召开一次世界水资源论坛，提供解决21世纪水问题的方法。

（二）联合国水治理框架的构成

在水治理刚开始进入全球层面之际，联合国相关机构各司其职，发布纲领文件来指导全球进行水治理；而后《千年宣言》发展议程出台，为水治理提供了治理目标，联合国与合作伙伴共同践行发展议程以此推进水治理目标的完成；随着水治理愈来愈复杂化，为促使联合国更专业地进行全球水治理活动，2003年联合国水机制系统成立。由此，联合国逐步形成了一个综合的水治理框架，由联合国相关机构、纲领文件、发展议程、合作伙伴、水机制共同构成。作为国际体系中最具权威性的国际组织，联合国主动地通过社会化过程将国际规范几乎传授给全球的主权国家，从而形成国际规范的扩散，这也是联合国全球治理的主要表现。联合国设定国际规范的作用、建立国际机制的作用以及统合重要机构的作用，使得水治理发展成为一个较为全面的框架，该框架的形成对于全球水治理来说是一个重要的突破。因此，在此基础上研究这个框架是极为必要的。

1.联合国相关机构

联合国的各个机构部门为不同的全球性问题服务并形成治理框架，机构间相互配合使全球治理得以有效开展。如经社委员会负责世界经济及社会、环境相关问题；儿童基金会成为全球尤其是发展中国家儿童、妇女的权力保护机构；联合国环境规划署负责协调全球环境事务，倡导全球资源可持续发展及合理协调分配。长期以来，联合国一直致力于应对由供水不足导致的全球危机，满足人类基本需求以及商业和农业对世界水资源日益增长的需求。作为一个庞大机构集合的平台，联合国在处理国际水事争端事务、全球缺水与水污染等水问题时没有单独依赖于某一个机构部门，而是由30多个机构分工合作、相互配合、共同推进，包括主要机构、外派机构和专门机构。主要机构指联合国大会、安全理事会、经济及社会理事会、托管理事会、国际法院和秘书处。18个专门机构则是在各不同专门领域从事国际活动的政府间机构，它们与联合国通过法律关系建立联系，在经社理事会内协调并向其提交年度报告，但彼此又是独立的机构。

从联合国整个系统来看，经社理事会及其专门机构从经济及社会层面对水治理的贡献最为重要，与水资源的管理、利用也联系得最为紧密，国际法院则在水事争端等政治法律上对国际水治理做出一定的调解。而在联合国多而繁杂的众多机构中，有几个参与水和卫生设施目标改进的机构显得尤为关键，它们是：联合国环境规划署、联合国儿童基金会、世界卫生组织、联合国教科文组织、联合国世界粮食计划署、联合国环境与发展委员会等。这些机构围绕水资源的治理与管理、水与粮食的关系、水与卫生设施等议题开展工作，一直致力于与主权国家、其他国际组织、非政府组织、专业机构等密切合作，共同维系日常水资源的有效治理进程。在经济支持上，世界银行等相关经济组织机构也与联合国一道制定资金援助机制，强化治理的系统性运行。

2.纲领文件

联合国相关机构发布了许多纲领文件、计划、条例和报告，在不同的水资源领域指导开展水治理工作。《21世纪议程》是相对较早的纲领文件，全球各方面议题以此为依据纳入有序的治理之中。而在此之前，1975年联合国教科文组织已经开启了国际水文计划，定期出版刊物发布研究成果，并督促成员国在本国制订相关的水文计划。近年来，教科文组织还在联合国环境规划署、开发计划署、人居署等机构的协助下每年发布《世界水资源发展报告》，让全世界对水资源和水治理进展有一个了解。与之相关的联合国开发计划署也会定期发布《人类发展报告》，从水资源与人类发展的角度揭示水问题和人类所处的现状。世卫组织会发布《饮用水条例》等相应规范，作为全球饮用水的国际规范。此外，联合国积极召开会议，促进水治理的立法，相关法律文件、指导文件均会作为纲领文件，向全世界开放，这些纲领文件由此成为各国水治理的依据和规范。

3.发展议程

联合国通过议程目标来进行全球水治理活动，这是联合国水治理框架的主线。从某种程度来看，国际议程便是一种有效的国际规范。议题设置理论由美国传播学者马克斯韦尔·麦库姆斯和唐纳德·肖提出，不久便运用到了国际关系领域。理查德·曼斯巴赫和约翰·瓦斯克斯探究发现国际政治研究已经开始从“权力政治”主导的范式向“议题”主导的范式转移，议程设置在诸多国际问题中已然开始发挥不小的作用，重大议题的提出和解决的过程也表明了全球政治变化的过程。在这个过程中，“切入点”概念不可忽视，即行为体构建出令人信服的议题的场所，这些场所主要包括关键的国际组织或机制、国际会议或联盟等外交活动、全球知识生产场所、跨国网络及传媒。联合国作为一个综合的国际机制和有权威的国际组织，自然是国际议程切入的有效场所，在这个场所中，问题的界定、政策备选方案和议题显著性都能够有效结合。

从全球层面来看，引起关注的全球性议题有很多，但仅有少部分最后能被纳入议程。在意识到“减贫”是个重要议题之前，发展中国家和发达国家都没有足够重视贫困问题，发展中国家在布雷顿森林会议上，更多的是关注原料生产问题，而对贫困和发展漠不关心；而发达国家则更热衷于安全和人权，以及维持并推动可持续的发展，对贫困问题的关注和转向则在很大程度上得益于联合国的行动。联合国的减贫议题能够在众多议题中脱颖而出，经过发达国家与发展中国家的多方博弈以及非国家行为体的响应，进入到国际议程阶段，是一个较为艰难的发展过程，这也是联合国2000年《千年宣言》诞生前的努力。但是在千年发展目标的众多减贫议题中，水治理只是依附在环境治理之中，未能形成独立的具体议题。随着千年发展目标的到期，2030年可持续发展议程应运而生，该议程并不仅仅关注减贫，还将可持续发展和经济社会治理纳入其中，水议题经过博弈与发展，成为议程中第六项独立的发展目标。国内也有学者认为国际组织不是国际议程设置的参与者，而是一个主要平台。无论是参与者还是平台，联合国作为一个综合的国际机制，都提供了一定的国际规范，主权国家和其他国际组织等行为主体在规范中，履行自己的职能，在联合国的组织下发挥各自效用。联合国水治理框架今后的目标将围绕2030年可持续发展议程运作，许多水治理活动将紧随联合国统领全局的可持续发展议程进行。

4.合作伙伴

联合国有193个成员国，作为水治理最重要的合作伙伴，成员国政府支持联合国的各项水治理活动，并会提供一定的帮助，一方面响应联合国的号召与倡议，另一方面将水治理议题通过联合国平台得以更好展开。同时国际组织（如欧盟、非盟、非洲开发银行等）、非政府组织（如世界自然基金、世界水理会、大自然保护协会等）以及其他研究所（如斯德哥尔摩环境研究所、国际水资源管理研究所、国际半干旱热带地区作物研究所等）也会积极在水治理框架中发挥自己的优势，诸如提供技术支持、专业知识协助、资金支持等，与主权国家、联合国机构、社会团体等共同合作进行复杂的水治理。联合国水治理的合作伙伴很多，来自各个国家和地区，在与水相关的领域提供不同的帮助，是水治理框架良好进展不可缺少的因素。

5.水机制

联合国力求建立一个长期性的水治理合作系统，因而确定了联合国水机制（UN-WATER），它从千年发展目标中推出的“生命之水”国际行动十年活动中诞生而来，已成为联合国系统各组织活动的中央协调者。在延续了之前联合国部分机构的治理工作基础上，水机制还拥有固定的管理团队，31个成员和38个合作伙伴，主席由其成员轮流担任，联合国秘书处经济和社会事务部担任秘书处。成员主要是联合国的相关机构，合作伙伴则主要是一些国际组织和非政府组织。该机制提供了一个平台来解决水的交叉性问题，并最大限度地发挥全系统的协调行动和一致性，同时在发布政策、监督报告、推进行动三个方面，水机制均以发展议程为核心，按照《千年宣言》《千年发展目标》《2015后议程》及目前最新的《2030年可持续发展议程》中确定的各项规定及制度践行水治理活动。

在水治理层面上，淡水和卫生是两个重要的领域，联合国水机制在地表水资源、地下水资源、咸淡水交汇及与水资源相关的灾害上开展努力，制定了相关政策与2030年可持续发展议程对接。如在“2005—2015生命之水”国际行动十年活动基础上制定出《2018—2028“水促进可持续发展”国际行动十年》，作为新阶段的十年水治理纲领文件。并依靠其会员和合作伙伴的活动和方案的实施，共同推进治理进程及工作计划的开展。此外，联合国水机制也配有相应与水相关的活动，定期开展并发布与水治理相关的出版物，监督2030年议程规定的饮用水和卫生设施的目标完成，并由儿童基金会和世界卫生组织发布相关监测报告。在专家和工作小组方面，水机制需要多类型的合作伙伴提供知识和技术帮助，同时许多水事活动需要大量的资金支持，单靠联合国和主权国家的力量不足以支撑，在此情况下水机制固定的资金支持组织便发挥了巨大作用，如瑞士发展合作署、瑞典国家发展合作署、荷兰的基础设施和水管理部以及德国、法国、意大利等相关组织，它们也是水机制不可或缺的合作伙伴。

从目前来看，2030 年可持续发展议程是联合国水治理框架中的一个总的议程规范，联合国机构以议程为指导发布文件纲领，水机制和相关合作伙伴也以此为核心展开综合治理和监测。这个框架正在慢慢发展与成长，但离成熟还有一段距离。

第二节　全球水治理研究

一、全球水治理的推进者

千年发展目标到期时，有147个国家实现了饮用水的具体目标，95个国家实现了卫生设施的具体目标，77个国家两者都已实现。各国对水目标的重视度较高，虽然有一些缺陷和挑战，但是整体取得了较好的成果。从撒哈拉以南非洲10国和中国的实践案例可见，除了对水治理的政策推广、技术支持以外，联合国还通过倡议、协商、教育、游说等方式与行为体互动，水资源会议、水资源论坛及水事活动日则是常见的载体。全球水治理已经开展了几十年，联合国也一直努力将“推进者”这一角色诠释得更加全面。

（一）进行水治理理念倡议与宣传

联合国能否实现最终目标，取决于行为体能否很好地接受并践行这一目标。而倡议活动是否行之有效，则应看其在倡议行动中所取得的效果，是否被采纳，是否说服了倡议对象，是否在支持的活动上发挥了效力，促使其往好的方向发展。节约水资源与合理进行卫生设施的使用是水治理开展的重要方面，联合国通过必要的途径在全球范围内开展宣传教育工作，倡导文明使用卫生设施、不浪费水资源，倡议在国际、国家及区域层面展开。

从国际角度来看，在联合国的高级别会议上，联合国大会能够正式倡导与水有关的目标理念，如2015年3月高级别互动对话会上，联大主席库泰萨发表书面致辞，全面回顾在“2005—2015生命之水”国际行动十年期间国际社会的水治理成绩，并总结经验教训，副秘书长和高级官员共同呼吁加强国际社会合作，推进全球可持续发展，尽快实现人人享有安全用水和卫生设施的目标。这些倡议活动让许多国家看到水危机的现状，也推动了主权国家和其他私人团体有所作为。

在国家与区域层面上，较为贫困的非洲与南亚地区并未形成良好的用水和便溺习惯，从某种程度上来说，这是导致水危机加重的一部分原因，会间接引发与水相关的疾病。联合国供水和卫生合作理事会在全球开展调查，主要针对相对贫困与意识缺乏的国家和地区展开倡议与宣传活动。在尼泊尔地区，随地便溺的现象严重，尤其是村落中村民的受教育程度偏低，在外随地便溺成为常态。联合国供水和卫生合作理事会在逐个社区地对村民进行教育，从认知上改变村民的不良生活习惯。随地便溺危害性极大，这种普及性的教育也在其他贫困国家和地区展开，以联合国供水和卫生合作理事会为主要负责机构，教授这些地方的村民、居民如何正确使用厕所并学会修建厕所。联合国在尼泊尔地区开展的“尼泊尔公共卫生”项目和在坦桑尼亚开展的“钻井项目”都尽量逐个社区帮助改善设施状况和教授水知识。此外，联合国还通过游说成员国政府，将水治理议题引入重要的会议之中，并鼓励政府设置领导人形象。领导人在镜头前洗手，呼吁民众注意个人卫生，能够一定程度上塑造良好的国家形象。在联合国倡议下，主动在国内发出呼吁的主权国家不在少数，如中国在中方文件中表明要建立节水型社会，加强水资源和环境保护，完善垃圾收运和水污染处理等，不断提高水质。

水治理的理念倡议活动在互联网时代需要借助媒体和新媒体的传播，才能发挥更广泛的作用。联合国相关组织在新媒体平台的传播收获了许多响应，新媒体是倡议形式多样化的助推剂，能够发挥一定影响力，对传播水知识、与世界各国人群互动、收集信息等有积极作用。但是从几百万的粉丝量上来看，转载量和评论占比仍然偏小，效果并不是很好，至少与其他议题相比而言有一定的差距。在这点上，扩展宣传途径、提升倡议效果是联合国在新议程实践推动中需要关注的。

（二）开展世界水日与水合作年等实践活动

“水合作”是不同行为者和部门以及几代人之间在地方、国家、区域和国际各级以和平方式管理和使用淡水资源。水合作的概念需要以互利的方式、本着团结的精神一道努力，实现共同目标。它是建设和平的一个工具，也是实现可持续发展和两性平等的基础。为实现水合作运动的目的和目标，联合国水机制成员和合作伙伴，以及其他参与方鼓励全球各民众参加与水合作年有关的纪念活动。受众群体有：青年、儿童、成人、经济部门、土著社区和地方社区、妇女团体、民间社会、各国政府和决策者、流域组织、国际组织、国际供资机构和媒体等，水合作年和世界水日还激励这些团体之间采取行动。其中有一些行为者间接参与活动，例如通过国家或地方政府，国际组织或民间社会。并不是所有的措施都是针对同一群体，也并非所有目标都在同样的程度对所有受众群体有效。

水治理目标有三个主要预期成果，即：提高认识，政治接受和帮助实现环境卫生的议程目标。以国际环境卫生年来看，其要传达的信息是：卫生至关重要，是一个重要的发展问题。这个信息已经在世界各地扎根，许多水治理的宣传活动已经超过了预期，引起了广泛效应。与水治理相关的联合国机构配合联合国水机制在水治理过程中关注相关或独立的领域，从治理的各个方面为议程的推进做出贡献。

二、水治理的错综复杂性

（一）水资源的多种价值

在生活中，水的身份较为多样，它不仅仅是一种社会物品，还被认为是一种经济商品，会长期影响公共领域的卫生、基础设施建设。水同时还有道德和文化价值，水文化成为文化的一部分仪式和象征意义，当人们在道德上享有水权，便是道德价值观和财产权共同发挥了作用。水的基本性、不可替代性、稀有性、脆弱性又使其与其他基本的经济物品不一样，体现在以下几点：

在某种程度上，它是一种公共财产，不能完全由私人拥有，且社会依赖度很高。获得清洁饮用水是人们生活中至关重要的，水质会短期或长期地影响公共卫生，这需要大型基础设施的建设和人口供水管理的公共监督予以保障。

水是经济产品，它作为一种稀缺的资源，在竞争中有很大的价值。合理进行水资源的分配可以优化资源以最大限度地增加社会效益。

水具有生态价值，表现在水不仅对人类而言是必需的，而且对于一切生命来说也是必不可少的。改变水的生态系统会威胁到许多物种的种群。

水拥有文化、道德等价值，人们在道德上拥有水权。

水也受其原产地及自然运输系统的约束，地区差异和环境条件也是影响水资源多少的重要因素。干旱地区的居民更易受到水缺乏的折磨。由此，良好的运输系统能够带来诸多便利，更大程度上地集中水资源，这需要科学的水利工程来带动。

这些价值均造成了水治理的复杂性，经济上，水的公有性和私有性问题还在争论不休，对落后地区来说水利设施的建设还在进行之中。在环境上，水生态所引起的水资源的污染成为国家治理的重点，同时，水资源还涉及河流、湖泊、洪水、地下水等多个来源，这样就加大了水治理的多重难度，也足见其错综复杂性。在文化上，文明冲突影响了国际河流的综合治理，有些跨界河流的冲突正在不同的文明中愈演愈烈。

由此可见，水资源自身涉猎的领域太多，需要将所有问题统合起来，联合国水机制也正是将不同水领域的问题分类，并利用不同的监测系统来跟进SDGs的追踪，水问题的复杂性着实给联合国的综合治理带来不小的挑战。

（二）水治理相关的其他全球治理问题

水是一种重要的全球公共产品，全球治理理论没有充分地研究关于公共产品的问题，尤其在与环境相关的领域上。对水治理的研究则能够在某种程度上丰富这一理论，例如探究水资源可持续发展治理，能够从人文社会科学中对之前不可持续的理念进行一些转变。联合国水机制中列出了许多与水资源相关的其他议题，如气候变化、疾病、生态系统、财政支持、粮食和能源、性别、教育、人权、工作等，这些均与水议题息息相关，由此衍生出的问题也相辅相成。联合国框架下的水治理从多角度开展，制定了许多相关治理的规定，这些关联性治理能够互为补充，推进全球治理走向更全面的阶段。全球水治理不是简单的全球性问题，而是在一个大的国际环境中进行着解决问题——改善治理——遇到新问题——解决新问题的循环往复的过程。这就需要联合国团结主权国家与当地政府、国际组织、国际非政府组织、跨国公司、私人集团等多方参与主体，在水治理框架中开展运作。SDGs中的水目标比MDGs增加的难度和其他治理的涉及也是看到了水资源有如此复杂的性质，不及时推进可持续治理会让问题累积起来。在这种状况下，有一点极易被忽略，即联合国知识平台的搭建和专家学者这类主体的力量，专家学者了解水资源的各种特性，知识平台能够在全球范围内集合水问题和水治理的难题。实际上，很多水治理问题的悬而未决都是源于基础认知的欠缺，联合国提供的知识平台（如联合国大学、全球契约、联合国志愿组织）等，应被更广泛的人群知晓，全球各地均可以通过线上方式与这些平台取得联系，分享经验、共享知识。

三、联合国水治理的效率与机构问题

（一）水治理效率问题

联合国要达到2030年议程中的水治理目标，其推进进程已然面临一些限制。人人普遍获得安全饮用水和普遍享有适当的环境卫生，对发达国家和部分经济状态较好的发展中国家来说不难实现，但是对于撒哈拉以南非洲等贫困地区而言，这项共同目标遇到了瓶颈。在有关水项目实施的过程中，协商使得不同发展程度的国家能够联系起来，尤其是跨界河流管理协商，减少了一定的冲突可能性。然而新目标也对水治理的效率提出了更高要求，意味着联合国要在十年时间内，督促和推动全球范围内的水治理，再加上环境与减贫、经济社会效应的综合要求，“水治理效率”成为一个很关键的问题。

（二）联合国治理机构难题

1.职能弱化、机构复杂

全球治理强调的是多行为体的共同参与，一方面联合国作为推进者、组织者和规范制定者、监督者为其做出巨大贡献，另一方面，其权力也在被多个行为体所削弱。除主权国家以外，国际社会上越来越重视非政府组织和私人部门，不论是否认同，这必然是一种趋势，这样就在某种程度上削弱了联合国的职能。全球水治理的优秀非政府组织很多，与它们的专业性比起来，联合国的机构需要进行调整，加强专业化的机构，增强职能效力。而与类似WTO、OECD这类同样具有权威性的国际组织比起来，联合国在某些地方做得还不够到位。这些组织在水治理的资金方面为主权国家提供了许多帮助，它们在全球治理中扮演着越来越重要的角色。OECD发布了水治理的12条原则，旨在为政府提供一个更有效、高效和兼具包容性的水管理政策框架，主要体现在增强水治理的有效性、高效性、确保水治理过程中的信任度和参与度三方面。而其他较有权威的组织也将发展作为重点领域，这与联合国可持续发展的目标基本一致，且较之联合国庞大而冗杂的目标来说，在具体的水治理上项目更易实施和开展，组织框架也更明晰。在全球治理的组织机构上，联合国需重点审视自身的发展困境，其内部机构问题容易导致机制运转出现重复和混乱。

2.跨部门合作协调不够

在联合国水治理框架中，跨部门合作是必不可少的，也是推动机制更加规范化的途径。然而，框架的跨部门性质还未完全体现出来，机构部门之间的协调性亦没有形成广泛的效应。原先，在水机制成立之前，联合国的相关部门已经开始在共同调研、分工监测、形成报告上一起合作；到水机制正式形成，联合国水治理框架也逐渐发展起来，跨部门的合作便成为联合国开展水治理工作的重点。联合国能够很好地将2030年可持续发展议程形成规范，形成扩散效应并在主权国家达到内化，然而在水治理框架的跨部门合作分工上，还未能够充分调动跨部门资金筹集工作、促进跨部门监督工作。因而较之于联合国在议程设置与推广上的作用，其在水治理框架上的发展协调明显还有待完善。从案例中资金援助的事实对比可以看出，水治理的资金缺口十分严重，合作伙伴资金支持有限，数量也不够多，这便需要不同部门联合从而拓展合作伙伴，共同筹集资金。在追踪监督上，联合国对除饮用水、卫生以外的其他监督需要极强的跨部门合作，目前还没有许多成果性报告。

综合来看，在联合国水治理框架下，规范的制定取得了好的效果，但水机制和部门协作要践行可持续议程还是具有一定挑战性的。这也表明联合国的规范性已不容置疑，需要重点改进的是对框架的建构和框架运行中一些问题的解决。

第三节　水环境污染的治理机制

我国水环境污染治理失效的原因是多方面的，这个问题的解决是一个复杂的系统工程。世界各国的水环境污染治理经验都表明，水环境污染治理依赖于一套围绕水资源配置的行之有效的管理体制，这套体制有四个重要的组成部分：一是水资源产权制度，二是水资源市场机制，三是围绕水资源市场的政府规制体系，四是在水环境管理中的公众参与。这四个组成部分有其内在的层次联系，其中，水资源产权制度是水资源市场机制得以建立的前提，水资源市场机制的健康运行需要政府规制体系的有力支撑，而政府的规制体系则应该有公众的参与。因此，我国首先应当以法律的形式逐步明晰水资源产权，促进水资源市场的发展和成熟；其次，我国应当理顺水资源体系，转换政府角色，逐步完善水资源管理体制。

一、完善水资源产权制度

世界各国的水资源配置和水环境污染治理的经验都表明，如果水资源产权界定不清晰，水资源配置的效率要更多地依靠市场手段。水资源产权的清晰界定是水资源市场存在的前提。在水资源产权的界定上，我们有必要在我国水资源管理制度中引入产权制度创新：在初始水资源产权的安排上，坚持国家的水资源所有权；水资源所有权和使用权相对分离，使权利进一步明晰；水资源经营权是所有权和使用权之间的“桥梁”，水资源经营权应当与所有权和使用权分离，而以市场化的方式配置，同时政府加以必要监管；地下水、地表水，清水、污水的水权统一分配，不能只管清水不管污水；市场、行政配置手段相结合，促进效率和公平。在水资源产权的二次分配问题上，应当打破我国现行法律制度中的水权严禁转让的原则，使水权的流转得以实现，从而使水资源得以市场调节，解决水资源地域之间、流域区段之间分布不均的矛盾，合理配置水资源。与水权的所有、使用、经营三种基本权利相对应，水权又衍生出对水权进行管理的权力，即水资源的配置权、水经营特许权和水管理的监督权，并将各项权力作如下的安排：

对于自然状态的水资源，规定自然水资源为全民所有，赋予政府水资源配置权、水经营特许权和水管理的监督权，也赋予公众适当的水管理的监督权，这能运用国家权威来有力地保证在水资源初始分配中的公平性和持续性，也可以将水管理置于公众的监督之下；同时，我们应当打破初始水权禁止转让的制度安排，逐步放开初始水权的二次配置，逐步建立起水权交易市场，依靠市场的力量来调节水资源的供给和需求。另外，水资源勘察、规划、水资源调配协调等应当划为公共服务职能并划归政府承担。

在水资源经营环节，无论是原水利用处理还是污水处理、利用，都应当只允许有水资源开发利用、处理资质的经营企业从政府手中取得水资源经营权，在清洁水制备环节，允许多个自来水处理企业在市场上出现，政府制定统一的自来水处理标准，鼓励自来水处理企业采用先进自来水处理技术设备，尤其在污水处理排放环节，政府应当建立生活污水集中处理的制度，将生活污水纳入统一的污水管网，规定产生工业污水企业自行处理其工业污水并达标排放，同时，政府应当鼓励有污水处理资质的企业和污水处理技术、设备供应商进入污水处理环节，建立起污水处理市场，使越来越多的先进污水处理技术在污水处理市场中得到应用和发展；污水处理市场的建立给排污企业寻求先进污水处理技术提供了更大的余地，当市场上某种污水处理技术的处理成本低于企业违法排污成本和企业自行处理的成本时，企业将趋向于在市场上购买这种技术来满足自身需求。如此，则可在污水处理环节引入市场竞争机制，形成污水处理的市场价格，为政府监管工业企业污水非达标排放提供处罚依据。

在水资源的使用权分配上，政府应参与到清洁水供水管网的投资建设中，依靠政府财政投入或市场资本的介入来完成投资建设，依靠政府权威来保证清洁水供应管网的公平、全面覆盖，使用水单位和个体都有条件获得清洁水的使用权，同时，特许授权有清洁水供应经营资质的企业经营清洁水供应管网，逐步放开清洁水价格管制，参照“电价竞价上网”的模式，在自来水处理企业中引入市场竞争机制，在清洁水供应管网的入户环节，逐步完善终端用水价格的制定，实行阶梯水价，合理调控清洁水的需求和供给。

二、建立统一的水务市场

随着我国市场经济体制改革的逐步推进，公共物品的供给也开始逐步市场化。人们已经意识到，水资源有自身的价值和价格，要使水资源能够得到可持续利用，就应当把水资源作为水资源产业的产品进行开发、管理。

城市水务属于区域性自然垄断行业，包括区域内供水管网和排水管网在内的供排水一体化运营，可以降低交易成本，实现规模经济和范围经济。为打破原有的水务产业链条断裂的格局，实现水务投资、建设和运营一体化，可以在前期设计建设时充分考虑后期运营管理对水务系统的需求，控制成本，提高投资效率和运行效率。同时，城乡之间、上下游城市之间，在水务方面互相影响，由一个市场化运营的大型水务集团提供流域一体化的水务服务，可以将取水、排污等产生的负外部性和节水、治污等产生的正外部性内部化，从而提高流域内大中城市的污水处理水平，有效治理流域水体污染，而且还可以更加合理地配置流域内的水资源量。

只有建立了完整的水务产业链，水资源市场的价格机制才能形成，水资源才能从源头上得到合理配置，从而避免水资源过度开发而导致水体环境容量和自我净化能力的退化、丧失。另外，污水处理市场的建立将对工业水污染的控制产生积极影响。一方面，越来越多的先进污水处理技术将在污水处理市场中得到应用和发展；另一方面，污水处理市场的建立给排污企业寻求先进污水处理技术提供了更大的余地，当市场上某种污水处理技术的处理成本低于企业违法排污成本和企业自行处理的成本时，企业将趋向于在市场上购买这种技术来满足自身需求。

原有水务市场的“取水、排水、中水回用、污水治理”各环节的相对分割导致了水务市场运行的低效率，我国水务市场的改革应当着眼于打破目前这种格局，在水务市场各环节中适当考虑引入市场机制，“国退民进”——依靠市场力量来实现水资源的末端配置。政府作为公共利益的代表者，应该承担起建设、运行维护以及更新改造的责任，主要目标是建立稳定的投资来源和可持续的运营模式，逐步建立起政府投资、企业化运行的新路。对于城市供水等经营性项目，资金来源应该市场化，主要应通过非财政渠道筹集，走市场化开发、社会化投资、企业化管理、产业化发展的道路。污水处理由于不以营利为目的，且受制于污水处理费偏低，产业化程度不高，但随着污水处理费征收范围的扩大和标准的提高，也要解决多元化投入和产业化发展问题，起码要建立国家投入、依靠污水处理收费可持续运行的机制。

三、建立完善的流域水管理体制

流域水环境之间具有相对独立性，因此水环境污染治理应当以流域为单位，加大流域水环境治理力度，保障流域治理规划目标的实现。发达国家水环境污染治理的成功经验表明，水环境污染的治理应该以流域为主体，建立适合流域治理的管理体制。

一方面，在建立强有力的流域管理机构并由地方政府具体实施的同时，由中央政府在流域，尤其是跨行政区域流域设立管理机构，加强中央政府的宏观管理。如法国在塞纳河流域设立了水管局，直接隶属国家环境部管理，经费由国家财政支持，主要职责是代表国家环境部进行监管和协调；加拿大为治理圣劳伦斯河跨省界流域污染问题，由国家环境部设立了圣劳伦斯河管理中心，进行直接监管。

另一方面是建立有效的协调机制，加强政府各部门、各地方政府间的协作。如塞纳河流域的治理，建立了部际水资源管理委员会，由环境部、农业部、交通部、卫生部等有关部门组成，主要职责是制定流域综合治理政策和协调部门之间、地方政府之间的工作；圣劳伦斯河流域建立了由环境部牵头负责，农业部、经济发展部、海洋渔业部、交通部等多部门参加，企业、社区共同参与的工作机制，形成了统一规划、分部门实施、执法部门负责监督检查的管理体系；莱茵河属于跨国界流域，为协作治理，瑞士、法国、卢森堡、德国和荷兰在巴塞尔成立了莱茵河防治污染委员会，商议对策，进行互通信息、协调流域治理的各国行动。

政府在建立了完善的流域水管理体制后，各管理部门的职责将变得明确，这有利于各部门的协调，也有利于水资源产权的界定。

四、充分利用经济规制手段

我国从1978年实行改革开放以来，正在逐步确立市场经济体制在资源配置中的主导地位。市场经济体制被认为是资源配置的最有效手段，不仅仅是因为它赋予了经济主体以自主决策的权利，更重要的是它可以通过价格信号这只看不见的手引导人们去实现资源的合理配置，尽管这一切都是以市场各方面信息的充分获取为前提。对于工业水污染的治理，市场手段的积极作用还在于，它可以使政府在治理上花费的成本大大减少，因为有效的市场机制只要求政府做必要的监督工作、维持公平的竞争环境。

按照姚志勇等的划分，目前学界提倡的污染治理经济手段主要有：

（一）价格配给制

收费和补贴。与之对应的政策工具有：

排污税：对于向空气、水和土壤中排污染物以及产生噪声的行为所进行的收费，其设计思路是让污染者至少为他们对环境造成的污染负担一部分成本，通过这样的方式来减少污染或改善污染物的质量。

环境浓度税：最早由Segerson提出，如果生产者的排污量超过了总体环境浓度，那么它就要受到惩罚，反之如果生产者的排污量低于总体环境浓度，那么它可以得到奖励。

产品税：通过提高污染性材料和产品的成本的方式，激励生产者和消费者用环保产品和材料来替代非环保产品和材料。

补贴：补贴是监管者给予生产者的某种形式的财务支持，可以用来作为一种激励来刺激生产者进行污染控制，通常采用的形式是拨款、贷款和税金减免。

（二）责任制

罚款、押金退还制度和债券。与之对应的政策工具有：

罚款：如果总体环境浓度超过了标准，监管者就会随即选择至少一个生产者来罚款，再把收取的罚金减去社会损害之后的一部分返还给其他生产者，如果设计得好，这个机制将促使达到理想的污染控制水平，同时又不必监督生产者的行为。

押金退还制度：潜在污染性产品的购买者要预先支付一笔额外的费用，当他们把污染性产品或其他包装物送回到回收中心再利用或处理的时候，再把这笔额外的费用退还给他们。

绩效债券：生产者在生产开始之前预先缴纳一笔债券基金，如果它的行为导致了环境污染或者它的污染超过了标准，那么它的这笔债券基金就会被没收，这提高了逃避污染控制的成本。

（三）数量配给

可交易污染许可证的方案会在一个地区事先确定排污或排污浓度的总体水平，污染许可证的发放量等于这个总体水平，污染许可证可以在生产者之间相互买卖交易。那些把污染水平控制在许可范围以下的生产者就可以出售他们多余的污染许可证，也可以用多余的许可证来弥补他们的工厂的其他部分的污染。

需要注意的是，上述所有的市场手段是否能产生预想的效果还依赖于相应的评估标准、检测技术、法律制度和政治环境，因此经济手段的运用还需要因地制宜。

五、建立公众参与环境事务的机制

环境保护是政府的职责所在，但根本目的是为了公众福利的实现，同时在民主制度的大背景下，环境民主的需要是其他民主形式和内容实现的前提和基础。尤其对于环境污染问题而言，自20世纪60年代以来，工业文明日趋发达、社会高度工业化、物质时代消费文化甚嚣尘上，环境问题以前所未有的破坏力大量涌现，全球化环境问题和生态危机引起世人的警觉，人们迅速接受了环境保护的观念，并积极寻求应对之策。环境保护从一开始就是公众的需要与呼吁。民主必须有法律与制度的保障，在环境保护领域亦是如此，只有建立了健全的公众参与制度才能实现环境决策的民主化，才能最终体现广大民主的环境利益诉求。具体说来，环境领域的公众参与具有以下必要性和重要意义：

环境资源是公众共同拥有的，因此与环境最密切相关的利益群体对环境资源的包括管理在内的相关事务享有发言权。

公众参与环境保护是组成公众的个体公民维护自身权益的需要，是公民环境权的具体实现方式，自然环境是人类赖以生存和发展的基本条件，每个人都有与生俱来的、不可剥夺的享用环境的权利，而对于环境的使用又具有极大的外部性特征，因此公众参与是最终维护自己权力和利益的必不可少的环节。

公众参与可以克服人类自身认知水平的局限所在，个体的理性并不意味着群体的理性，在公共资源的配置中，个体出于自身利益最大化的考虑，往往导致公共资源的过度使用。广大公众由于熟知自身生存的自然环境而最有发言权，同时人类整体智慧可以克服个体非理性。

参考文献

[1] 李祖荣.水库工程管理养护存在的问题及解决措施[J].技术与市场，2020，27（12）：174+176.

[2] 郑蕴锦.水利工程管理及养护中的问题分析[J].科技风，2020（34）：191-192.

[3] 郑蕴锦.水利工程施工全过程造价管理措施[J].科技风，2020（34）：197-198.

[4] 荆秀娟.水利工程测量的载波相位差分技术研究[J].中国科技信息，2020（23）：76-77.

[5] 聂斌.水利施工中碾压混凝土施工技术研究[J].江西建材，2020（11）：133-134.

[6] 王春艳.水利工程施工技术与管理分析[J].江西建材，2020（11）：137-138.

[7] 高嵩.水利工程施工造价及智能化水闸门的应用[J].科技与创新，2020（22）：158-159.

[8] 徐文标.浙江：引入物业公司推进山塘水库多元管控[J].中国应急管理，2020（11）：95.

[9] 王帅.水利工程质量监测存在的问题及改进对策[J].低碳世界，2020，10（11）：122-123.

[10] 刘光生，朱木兰，赵超，张晓曦.课程思政理念引领下的课程教学改革与实践[J].试题与研究，2020（33）：39-40.

[11] 唐栋，蒋中明，李毅，鲍海艳.水利类专业BIM实训教学模式探讨及实践[J].科技风，2020（33）：195-196.

[12] 张改红.高职院校水工建筑物课程思政的教学改革探索[J].发明与创新（职业教育），2020（11）：25+29.

[13] 尹鑫，沙海飞，张海滨，耿雷华，刘寒，欧建锋，马剑波.基于分区分类功能的江苏省河湖空间管控框架[J].水资源保护，2020，36（06）：86-92.

[14] 闫飞.水利水电工程安全生产法律法规探究——评《水利水电工程安全生产法律法规》[J].水资源保护，2020，36（06）：138.

[15] 晏淑梅.水利工程专业英语翻译策略的探索——评《水利工程专业英语》[J].水资源保护，2020，36（06）：139.

[16] 谢军.水利工程中机电技术的现状与未来发展探讨[J].科技创新与应用，2020（35）：148-149.

[17] 蔡奕，付小莉，刘曙光，沈超.环保教育融入水信息采集与处理课程教学的探索和实践[J].高教学刊，2020（35）：79-81+86.

[18] 许天成，龙登高.1737—1750年金沙江航道疏浚及其影响[J].云南大学学报（社会科学版），2020，19（06）：64-77.

[19] 郑祺.农村水利工程长效管护与运行管理现状分析——以常州市武进区前黄镇为例[J].黑龙江科学，2020，11（22）：160-161.

[20] 魏栓林.节水灌溉技术在农田水利工程中的运用[J].科技创新与应用，2020（34）：141-142.

[21] 周世勇."把脉问诊"水环境 "对症下药"还碧波——进贤县人大常委会监督水环境综合治理工作纪实[J].时代主人，2020（08）：37-38.

[22] 翁创苗.案例一 织密人大监督网 构建治水大格局[J].人民之声，2020（07）：18-20.

[23] 梅宏.海洋环境司法保护的多元主体及其联动机制[J].浙江海洋大学学报（人文科学版），2020，37（01）：1-8.

[24] 黄昕.浅谈"漳州市区内河水环境综合整治"项目的质量监督[J].福建建材，2019（11）：107-108.

[25] 殷培红，耿润哲，裴晓菲，王萌，杨生光，周丽丽.以水环境质量改善为核心建立监督指导农业面源污染治理制度框架[J].环境与可持续发展，2019，44（02）：10-15.

[26] 左艺梦，廖洪斌.基于层次分析法的水环境审计评价指标体系研究——以长江经济带环境治理为例[J].绿色财会，2019（04）：29-32.

[27] 彭斯，徐江淼.原子荧光测定水环境中汞两种消解方法的比对研究[J].湖北师

范大学学报（自然科学版），2019，39（01）：26–29.

[28] 王宗华.接力守望四十载 潺潺清水入海流——临朐县人大常委会监督水环境保护工作综述[J].山东人大工作，2019（02）：32–33.

[29] 尹志刚.农村水环境污染控制与治理技术分析[J].黑龙江科学，2019，10（02）：130–131.

[30] .贵州省水污染防治条例[J].贵州省人民代表大会常务委员会公报，2018（S1）：108–119.

[31] 张征云，李莉.引滦明渠水环境潜在威胁因素分析及监督防范措施[J].现代农业科技，2018（21）：161–162.

[32] 石巧，代真珍.环境审计在水污染治理中的监督机制和实现路径——以铜梁河水污染治理为例[J].纳税，2018，12（26）：132–133.

[33] 郭敏.精心守护一泓清水——惠州市人大常委会持续监督水环境治理工作[J].人民之声，2017（09）：35.

[34] 吴玉英.遂川县：首次联合第三方力量开展水环境监督活动[J].时代主人，2017（09）：46.

[35] 秦天宝，虞楚箫.倡导“绿色”考察 保护南极环境——《南极考察活动环境影响评估管理规定》述评[J].环境保护，2017，45（16）：47–49.